基于统计的深空遥感数据智能解译

郑 晨 平劲松 著

科学出版社

北 京

内 容 简 介

本书在介绍深空探测任务与深空影像背景知识的基础上,着重从统计数据分析和人工智能两个方面介绍深空遥感影像相关的智能解译方法.其中,在统计数据分析方面,介绍了统计理论工具及其在"嫦娥"观测数据的判读解译应用.在人工智能数据分析方面,介绍了深度学习中基于语义分割和基于目标检测方法在全月撞击坑的自动判读识别.为了便于读者使用上述方法,书中提供了大量案例及相应的代码实现.

本书适合天文学、统计学、人工智能、遥感等学科的高校教师、研究人员、高年级本科生、硕士和博士研究生参阅,也适合数字图像处理分析及非结构化数据分析等应用领域的相关科技人员使用.

图书在版编目(CIP)数据

基于统计的深空遥感数据智能解译/郑晨,平劲松著.—北京:科学出版社,2024.3
ISBN 978-7-03-077670-9

Ⅰ.①基… Ⅱ.①郑… ②平… Ⅲ.①航天遥感–遥感数据–图像解译–统计分析 Ⅳ.①TP753

中国国家版本馆 CIP 数据核字(2024)第 007590 号

责任编辑:李 欣 贾晓瑞 /责任校对:彭珍珍
责任印制:赵 博 /封面设计:无极书装

科学出版社 出版
北京东黄城根北街 16 号
邮政编码:100717
http://www.sciencep.com
北京富资园科技发展有限公司印刷
科学出版社发行 各地新华书店经销
*
2024 年 3 月第 一 版 开本:720×1000 1/16
2025 年 1 月第二次印刷 印张:10 3/4
字数:213 000
定价:88.00 元
(如有印装质量问题,我社负责调换)

前　言

星河璀璨, 闪烁古今. 自古以来, 人类一直试图揭开宇宙神秘的面纱. 近几十年来, 不断开展的太空探测活动, 如我国的 "嫦娥" 探月工程等, 使我们能够对月球、火星、小行星等天体对象进行近距离的观察, 并获取了大量珍贵的深空遥感影像数据. 但是, 随着获取的深空遥感数据呈爆炸式增长, 海量的深空数据解译需求和复杂的深空成像环境给人工判读深空数据带来了挑战.

近年来, 人工智能和影像处理技术得到了迅猛的发展, 相关技术给深空遥感影像数据的解译带来了新的机遇. 如何有效利用统计技术, 在人工智能工具下, 提升深空遥感数据智能解译与信息判断的精度与速度, 成为一个亟待发展的问题. 因此, 本书在分析现有统计技术与人工智能方法的基础上, 重点研究了以下内容: ①针对深空影像数据的特点, 依次介绍了聚类、梯度分析、空间关系统计分析等统计工具, 并在嫦娥二号、嫦娥三号和月球数据中进行了识别应用; ②介绍了当前人工智能方法的基础及其在深空遥感应用的情况, 并依次利用语义分割和目标检测的方式, 对月球撞击坑进行了智能提取. 围绕上述研究内容, 本书共分为三大部分:

第一部分: 基础理论篇. 共两章, 分别讲述了深空探测任务与深空影像的有关背景知识、统计分析工具与人工智能方法、相关统计技术在深空探测中的基本方法.

第二部分: 基于经典统计方法的深空数据解译篇. 共三章, 分别讲述了嫦娥三号月基极紫外影像数据的地心自动定标研究、嫦娥二号获取的 Toutatis 小行星光学影像下的形貌分析、以小行星和月球为例的深空影像数据低对比度区域的形貌判读. 上述研究内容涉及新型的圆形差分分析工具、分层聚类方法、马尔可夫随机场模型等统计方法, 相关实验提供有代码实现.

第三部分: 基于深度学习方法的深空数据解译篇. 共两章, 分别讲述了语义分割方法 (如 UNet 等) 和对象检测方法 (如 FastRCNN 系列等) 的原理、深度学习方法在深空遥感数据的智能解译方法、基于 UNet 模型的全月撞击坑识别及相关代码.

全书在介绍理论知识的基础上, 全面介绍有关统计方法及常见深度学习方法在深空影像数据中的理论及方法, 并为重要内容提供了代码实现 (前两部分为 MATLAB 代码, 第三部分深度学习为 Python 代码), 使读者能够快速掌握使用统计工具与深度学习方法进行深空遥感影像的分析与实验. 相信通过本书的学习, 读者不仅可以掌握有关统计分析工具和常见深度学习方法的基础, 还能够针对深空数据的特点, 熟练使用上述方法完成数据的分析和判读工作, 为深空数据分析领域的研究人员提供一本参考书.

本书的出版得到国家自然科学基金面上项目 (基于深度随机场的高空间分辨率遥感影像多语义分割, 41771375)、河南省自然科学基金优秀青年科学基金项目 (232300421071)、河南省高校科技创新人才支持计划 (22HASTIT015)、河南省本科高校青年骨干教师培养计划 (2020GGJS030) 及河南大学青年英才计划的资助. 同时, 本书在撰写过程中使用了月球与行星数据发布系统提供的 "嫦娥" 系列公开数据 (https://moon.bao.ac.cn/), 参考了大量的国内外相关研究成果, 在此表示衷心的感谢.

在本书撰写过程中, 中国科学院国家天文台、河南大学数学与统计学院、河南省人工智能理论及算法工程研究中心的老师和同学给予了莫大的鼓励和帮助, 其中王茗涛、陈运成、李晶莹、刘阳等在本书编写的过程中付出了大量的劳动, 在此一并衷心地表示感谢.

本书正文涉及的所有彩图可以扫封底二维码查看.

由于作者水平有限, 书中不足之处在所难免, 恳请广大读者和同行批评指正.

编　者

2024 年 3 月

目　　录

第一部分 基础理论篇

- 绪论
- 聚类表示与地貌识别的基础知识

第 1 章 绪　　论

从古时的夜观天象到当今的 "嫦娥" 飞天, 人类一直未停止过对深空观测的步伐. 自 20 世纪 50 年代美国和苏联首次将探测器发射至外太空开始, 世界各空间大国陆续掀起了深空探测的热潮, 遨游天际的梦想成为现实. 近几十年间, 美国、俄罗斯、中国、欧洲航天局 (欧航局)、日本、印度等国家和组织相继向太空发射了 200 多颗行星探测器 (刘建忠等, 2013; 徐伟彪和赵海斌, 2005; 张翔和季江徽, 2014). 这些探测活动逐步揭开了深空与宇宙的神秘面纱, 不仅将人类对其的认识带入到了新阶段, 而且还在各探测任务中获取了大量的观测数据. 而随着更多深空探测计划的开展, 以及新型载荷和传感器的出现, 人类能获取到的深空数据量正在呈爆炸式地增加. 但与之相应的深空数据判读能力却增速缓慢, 这限制了深空数据的及时解译与后续研究的展开. 为此, 探寻如何从海量的深空探测信息中快速且智能地提取信息和知识, 实现数据–信息–知识的自动转化已成为空间科学研究亟待解决的一个研究问题 (李德仁, 2011).

近年来, 以机器学习为代表的人工智能方法在诸多领域得到了广泛的应用 (周志华, 2016), 它为当前深空数据的判读解译提供了一条新的思路. 本书立足于深空数据的判读需求, 通过统计工具分析深空数据的特点, 结合统计模型和当前人工智能方法, 以我国 "嫦娥" 探月工程和其他探测活动获取的深空数据为主要研究对象, 在影像层面对数据进行了判读和智能解译, 以期为相关的研究提供有益的支持和参照.

1.1　研究背景与数据基础

人类对宇宙观测的历史非常久远. 古人夜观天象总结出了星占学, 并据此给出了天文历法, 划分了年月节气. 随着望远镜的发展, 以及 16 世纪哥白尼日心体系学说的提出, 人类打破了传统地心说的限制, 天文学的发展进入到了新的阶段. 1609 年, 德国天文学家约翰尼斯·开普勒 (Johannes Kepler, 1571 年 12 月 27 日—1630 年 11 月 15 日, 如图 1.1) 在丹麦天文学家第谷·布拉赫等收集的天文观测资料基础上, 研究并发现了行星运行的三大定律, 为现代天文的研究奠定了基础. 第二次世界大战后, 美国和苏联开展的太空探测活动将人类对宇宙的认知再次推向了新的高点. 从 1959 年 1 月 2 日, 苏联发射了月球 1 号探测器; 到 1969 年, 美国的阿波罗 11 号成功将人类送上月球 (图 1.2); 再到我国开展的 "嫦娥" 系

列探月工程 (欧阳自远, 2005), 实现月球 "绕、落、回" 任务 (嫦娥三号着陆器, 图 1.3) 和 "天问" 火星探测活动 (新华网, 2020). 至今, 人类已向太空发射了 200 余颗探测卫星, 而探测的范围也从太阳系向宇宙的更深处延伸.

图 1.1　约翰尼斯·开普勒

图 1.2　阿波罗登月

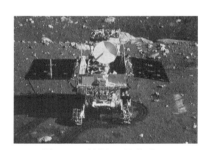

图 1.3　嫦娥三号着陆器

　　在现有的深空探测任务中, 月球和太阳系的其他行星是人类研究的重点任务. 从月球探测, 到太阳系各大行星的飞掠观察, 再到火星、土星勘探计划, 越来越多的国家和组织, 如中国、欧航局、日本、印度等, 正在逐步地加入到深空探测的队伍里, 人类对月球和太阳系行星开展的观测任务也在不断增加, 积累的观测数据也越来越丰富, 详见表 1.1.

　　在深空探测任务中, 我国在 2004 年和 2011 年, 也分别对月球和火星展开了探测计划, 开启了我国深空探测的新纪元. 其中, "嫦娥" 系列探月工程分为 "绕、落、回" 三个阶段, 其中第一期任务是实现绕月探测, 2007 年发射的嫦娥一号卫星成功进入月球轨道, 并通过 16 个月的在轨探测获得了全月图. 第二期任务是实现月面着陆和巡视勘察, 2010 年发射的嫦娥二号卫星作为该阶段任务的先导星, 开展了多项拓展实验; 2013 年嫦娥三号的玉兔号月球车在月球雨海西北部成功实现软着陆, 获得了大量不同类型的科学数据; 2018 年发射的嫦娥四号任务则实现了人类首次月球背面软着陆和巡视勘察. "嫦娥" 探月第三期任务是实现无人采样及返回, 2020 年的嫦娥五号任务, 在发射后历经 23 天, 其返回器携带月球样本, 在内蒙古四子王旗预定区域成功着陆. 该任务的成功也让中国成为继美国和苏联之后, 第三个成功从月球取回样本的国家.

表 1.1   月球与太阳系行星的一些观测任务

观测天体	观测任务
月球	"嫦娥" 系列 (中国)、Luna 系列 (苏联)、Lunar Orbiter 系列 (美国)、Explorer 系列 (美国)、阿波罗系列 (美国)、SELENE(日本)、LADEE(美国)、SMART-1(欧航局)、Chandrayaan-1(印度) 等
火星	天问一号 (中国)、Mars 系列 (苏联)、Mariner 9(美国)、Viking 系列 (美国)、Mars Odyssey(美国)、Mars Reconnaissance Orbiter(美国)、MAVEN(美国)、Mars Orbiter Mission(印度)、Mars Express(欧航局)、ExoMars Trace Gas Orbiter(欧航局) 等
水星	MESSENGER(美国) 等
金星	Venera 系列 (苏联)、Pioneer Venus Orbiter(美国)、Magellan(美国)、Venus Express(欧航局) 等
木星	Galileo(美国)、Juno(美国) 等
土星	Cassini-Huygens(美国、欧航局、意大利航天局) 等
天王星	Voyager 2(美国) 等
海王星	Voyager 2(美国) 等

2011 年, 我国研制了首个火星探测器 "萤火一号", 《2016 中国的航天》白皮书明确提出了实施中国首次火星探测活动, 并于 2020 年 7 月 23 日发射火星探测器 "天问一号". 该探测器经四次轨道修正, 于 2021 年 2 月 10 日成功被火星 "捕获", 进入火星轨道对其进行在轨探测.

在现已完成的 "嫦娥" 探月和火星探测任务中, 观测收集了大量的深空探测数据, 数据已由中国国家航天局发布. 中国月球与深空探测工程地面应用系统处理制作, 由中国国家航天局发布 (http://moon.bao.ac.cn), 如图 1.4 所示.

在月球和太阳系其他行星探测之外, 小行星的探测研究也是深空探测的重要组成部分之一, 它不仅能帮助我们更全面地了解太阳系和类地行星的构成, 还有助于我们探索太阳系的演化历史. 从早期 1989 年美国发射的 Galileo 号探测器近距离飞掠小行星 (951)Gaspra 和 (243)Ida (Blanco-Cano et al., 2003; Chapman, 1997; Delbo et al., 2009; Granahan, 2002, 2011; Jeffers and Asher, 2003), 到 1996 年 Near 计划的 Shoemaker 号探测器对小行星 (433)Eros 进行低空绕轨探测 (Clark et al., 2002; McCoy et al., 2002; Miller et al., 2002; Veverka et al., 2000), 再到日本 2003 年的隼鸟号探测器在小行星 (25143)Itokawa 着陆并采回其表面样本 (Binzel et al., 2001; Ishiguro et al., 2003; Ostro et al., 2004; Saito et al., 2006), 2018 年隼鸟 2 号探测小行星 (162173) 龙宫 (Watanabe et al., 2019), 人类对小天体探测的能力也在不断增强, 探测方式亦趋于多样化. 我国 2010 年发射的嫦娥二号探测器完成了对月观测任务后, 在精确操控下也成功地飞掠了小行星 (4179)

图塔蒂斯 (Toutatis), 并获得了高分辨率的行星光学影像 (Bu et al., 2014; Gao, 2013; Huang et al., 2013; Li and Qiao, 2014; Zhu et al., 2014; Zou et al., 2014). 中国也成为继美国、欧航局和日本后, 第四个对小行星实施探测的国家或组织. 在彗星等其他小天体的观测中, Rosetta 号的着陆器在 2014 年 11 月 13 日成功登陆 67P/Churyumov-Gerasimenko 彗星 (Capaccioni et al., 2015; Glassmeier et al., 2007; Haessig et al., 2015; Keller et al., 2007; Rotundi et al., 2015), 成为人类史上首个进入彗星轨道并成功投放着陆器的太空飞行器.

图 1.4 月球与行星数据发布系统

在人类不断探索宇宙的过程中, 积累了丰富的观测数据. 早期的观测因手段的局限性, 获得的数据无论在数量还是类型上都非常有限, 研究人员可以对获取数据进行充分分析. 然而在近年来的探测任务中, 探测目标在逐渐细化、飞行器载荷的类型在不断增加、获取数据的精度也在不断提高. 这在为人类带来海量深空数据的同时, 也加剧了数据判读的压力.

1.2 深空遥感数据特点

由于太空复杂的成像环境, 以及成像对象为行星或小天体, 因此深空遥感数据与自然影像或对地遥感影像存在着较大的差异, 如图 1.5 所示. 其特点主要表现为以下几方面.

(1) 地表形貌缺少附着物.

在自然影像和对地遥感数据中, 地表形貌存在着丰富的地物对象, 如植被、水体等, 而且还有着明显的人类活动痕迹, 如建筑、道路等. 这些附着物都为数据的自动解译和智能识别提供了有效的信息. 然而, 在深空遥感数据中, 不仅没有地表附着物 (如树、草等) 和人类活动痕迹, 而且还由风化作用导致其地表不同形貌单元往往表现出相似的外观, 如图 1.5(c) 中小行星 Toutatis 的表层就覆盖有砖色的风化层. 此外, 行星或小天体的地表形貌中还常常含有大量的撞击坑、放射纹等地球不常见的地貌结构. 因此, 深空数据地表形貌在光谱特征、形状、纹理、结构等方面和自然或对地遥感数据存在较大差异.

(2) 局部低对比度区域.

光照对深度遥感数据, 尤其是光学数据, 有着较大的影响. 而深空复杂的成像环境, 往往会导致获得的影像数据中存在着局部光照过亮或光照不足的区域, 既局部低对比度区域. 例如, 在图 1.6(a) 中, 月球环形山左侧区域存在光照过亮区域而右侧存在光照不足区域; 在图 1.6(b) 中, 小行星左下部在成像时光照过亮而其上部边缘区域却光照不足. 这些局部区域由于光照条件导致光谱差异较小, 给该区域后续的形貌判读解译带来了挑战.

(a) 自然影像数据

(b) 对地遥感数据

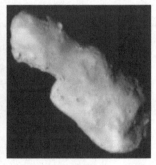
(c) 深空遥感数据

图 1.5　不同类型影像数据

(a) 月球Bell E撞击坑

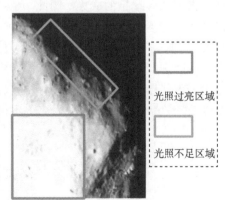
(b) Toutatis小行星

图 1.6　不同深空数据中存在着局部光照低对比度区域

(3) 数据校正.

在深空数据成像过程中, 由于载荷成像过程中姿态控制存在的未知因素以及成像角度的控制等问题, 相当数量的深度遥感数据也需要进行校正与定标.

1.3　关键问题

针对上述深空数据的特点, 本书以深空数据分析需求为出发点, 结合统计学知识与人工智能技术, 以 "嫦娥" 系列探月工程相关的深空影像数据为基础, 对深空数据中的数据聚类表示和形貌识别判读进行研究, 具体如下.

(1) 影像的聚类表示.

在本书研究的遥感影像数据中, 深空复杂的成像环境, 导致光学影像中普遍存在着低对比度区域, 如嫦娥二号 Toutatis 影像数据、嫦娥四号初步着陆区冯·卡门 (von Kármán) 撞击坑现有的影像数据等. 同时, 这些低对比度区域是局部存在的, 不同的局部具有不同的情形. 因此, 需要设计具有局部化自适应能力的聚类算法, 通过聚类分析和表示, 局部增强和拉伸低对比度区域的影像数据, 提高数据的可视化程度. 对影像数据进行聚类表示, 不仅可以优化低对比度区域, 而且还可以进一步根据聚类结果对这些区域进行形貌分析和地物判读. 所以, 影像的聚类表示是需要研究的一个关键问题, 在后续章节中我们将分别研究分层聚类和基于统计的马尔可夫随机场模型的聚类方法在相关深空探测数据中的应用.

(2) 地物形貌识别.

随着航天技术和传感器技术的进步, 人类能获取的深空遥感影像数据呈爆炸式增长, 单纯依靠人工的目视判读已难以满足日益增长的影像解译需求. 而当今机器学习与人工智能技术的发展正日趋成熟, 相关技术在对地影像的地物识别方面已经取得了令人瞩目的成果. 因此, 将相关对地影像数据的智能解译技术与深空探测背景相结合, 将有望解决目前深空遥感影像数据的解译需求问题. 而在解译过程中, 如何在对影像数据进行聚类分析后, 根据不同形貌对象的聚类类别差异和不同类别间的空间分布关系, 从聚类结果中判读出形貌特征也将是本书研究的一个关键问题. 在本书的后续章节中, 也相继讨论了嫦娥二号 Toutatis、嫦娥三号极紫外数据、月球全月及在冯·卡门撞击坑等典型区域的地形地貌识别和判读.

1.4　具体研究内容

围绕上述的研究问题, 本书对以下内容展开了讨论.

(1) 基于嫦娥三号极紫外影像数据的地心定标.

地球的等离子体层是内部磁层相关作用的核心区域, 其演化过程会影响近地环境和内部磁层结构, 相关研究具有重要的理论意义与实际价值. 等离子体层是一个环状的致密冷等离子体区域. 等离子体典型的电子密度是 10—10^4 cm^{-3}, 其能量小于 1—2eV, 温度为 3000—5000K(Chiu et al., 1979; Horwitz et al., 1986). 等离子体层的一个显著特点是能够共振散射太阳光的极紫外辐射, 并且散射强度与散射点的离子密度成正比. 因此, 研究等离子体层及其演化过程的最好方法是对辐射进行光学成像, 通过影像的数据值来刻画等离子体离子密度. 而对 He$^+$ 共振散射的 30.4 nm 辐射进行成像是一种常用的观测方法. 它具有以下优势: He$^+$ 是等离子体层中含量第二丰富的典型离子, 约占等离子体层的 5%—10%(Farrugia et al., 1988, 1989), 因此它的分布和动态性质能反映等离子体层整体的变化. 然而, 因为一些极紫外 (Extreme Ultra Violet, EUV) 的辐射会被地球大气层完全地吸收, 所以从地球往往难以通过极紫外对等离子体层进行观测. 嫦娥三号所携带的极紫外相机获取了月基的地球等离子体层数据, 它不仅能克服传统地基观测的不足, 还可以在相对比较长的一段时间内, 从月球轨道的不同角度对地球等离子层在 30.4 nm 的辐射特性进行全景的成像, 以观测等离子体层的结构和变化情况. 但是, 由于着陆器平台姿态控制中存在的未知因素以及任务执行期间极紫外望远镜角度的控制问题, 地心位置在嫦娥三号获取的极紫外影像数据中是变化的, 这给等离子体层的后续研究制造了困难. 因此, 本书在第 3 章结合数据自身特点, 借助差分思路, 探讨了一种基于圆形差分的方法来对这些影像的地心进行自动定标.

(2) 基于嫦娥二号光学影像数据的 Toutatis 小行星形貌分析.

阿波罗近地小行星 Toutatis(编号 4179) 从 1989 年被发现至今, 已多次近距离地飞掠地球. 它曾被基于地基的光度光谱技术、雷达等观测到, 并根据获取的数据研究了它的很多性质, 如轨道、旋转状态、基本的形貌特征, 以及它的 3D 模型 (Davies et al., 2007; Mueller et al., 2002; Hudson and Ostro, 1995; Ostro et al., 1995; Reddy et al., 2012; Scheeres et al., 1998; Spencer et al., 1995; Whipple and Shelus, 1993). 而我国嫦娥二号在完成了月球的科学任务后, 于 2012 年 12 月 13 日成功地飞掠了这颗小天体, 并获得了大量高空间分辨率的光学影像数据. 这帮助人类进一步地了解了这颗小行星的形貌细节. 然而, 由于深空环境的影响, 这批光学数据中存在大量的低对比度区域, 这给人工形貌判读带来了挑战. 为了突显低对比度区域的形貌特点, 本书在第 4 章利用多层的聚类方法, 从聚类的角度对观测到的光学影像数据进行了重新表示, 然后利用聚类表示对 Toutatis 的形貌进行了分析, 并在影像的低对比度区域发现了两处新的形貌特征.

(3) 月球背面冯·卡门撞击坑的形貌分析.

月球, 作为距离人类最近的天体, 受到了广泛的关注和研究. 我国深空探测领域的第一步也将目标瞄准了月球, 制定并开展了以 "绕、落、回" 为目标的 "嫦娥" 系列探月工程. 其中, 在嫦娥四号任务开展之前, 人类还没有在月球背面成功着陆的先例. 月球背面不仅可以屏蔽地球发射的无线电波, 成为探测宇宙无线电频谱检测的最佳场所, 而且背面最大、最深和最年长的南极-艾特肯 (South Pole-Aitken, SPA) 盆地还含有大量月球的信息, 对研究月球深层的历史、演变和组成至关重要. 自 2014 年以来, 中国探月与航天工程中心经多方论证, 确定了嫦娥四号着陆月球背面这一任务目标和相应的技术方案 (Wu et al., 2017; Ye et al., 2017), 以实现人类首次月球背面着陆及勘察. 但是, SPA 内的冯·卡门撞击坑作为选定的着陆区, 有着复杂的地形, 没有大面积的平坦区域, 给任务的开展带来了极大的困难. 同时, 冯·卡门撞击坑崎岖的地形, 导致该区域的影像数据中存在大量的低对比度区域, 给人工判读带来了困难. 为了提高原有影像数据的可视性, 本书在第 5 章研究了基于马尔可夫随机场模型的影像数据聚类算法, 从聚类的角度对低对比度区域进行了表示, 并对相关聚类结果进行了形貌分析. 结果表明冯·卡门撞击坑内的数据呈近似高斯分布, 内部存在大量局部的中小型撞击坑, 且这些撞击坑可根据其特点分为 4 种类别.

(4) 基于深度学习方法的深空遥感影像形貌判读.

近年来, 以深度卷积神经网络为代表的深度学习方法在诸多领域得到了应用并取得了突破, 尤其在影像数据的自动判读与信息提取方面取得了显著的效果. 在行星和较大天体中, 其表面的地形地貌往往结构复杂, 存在着大量的撞击坑、砾石、凹陷区域等典型地表单元. 尽管人类已标注出月球等天体中主要的撞击坑目录 (Head et al., 2010), 但是其不仅需要耗费大量的人力和时间成本, 而且大量行星或天体还未得到标注. 因此, 如何利用现有的深度学习方法, 结合深空遥感数据自身的特点, 探索基于深度卷积神经网络的深空影像形貌自动判读具有重要的理论价值和研究意义. 本书在第三部分的第 6 章和第 7 章, 在回顾了深度学习相关理论与模型的基础上, 探讨了 UNet 等深度卷积神经网络方法在深空遥感影像的形貌识别方法, 并以月球为例给出了实现代码.

根据上述研究内容和关键问题, 本书共分为 3 个部分. 其中第一部分为基础理论篇, 共两章. 其中, 第 1 章简单介绍了本书的研究背景和研究内容. 第 2 章回顾了现有深空遥感影像中形貌识别, 特别是撞击坑识别的研究现状; 然后, 结合 "嫦娥" 数据的特点, 介绍了本书后续章节使用的工具与方法. 第二部分为基于经典统计方法的深空数据解译. 其中, 第 3 章基于嫦娥三号极紫外影像数据, 结合地球等离子体层在影像数据中的特点, 探讨了一种圆形差分方法, 以实现影像中的地心定标. 第 4 章讨论了嫦娥二号获取的 Toutatis 小行星的光学影像, 并通过分层聚类的方法对其低对比度区域的形貌细节进行了探索. 第 5 章继续从深空影像的低对比度现象入手, 利用马尔可夫随机场模型提出了一种聚类视角下低对比度区域的形貌分析方法, 并以此分析了嫦娥四号月球着陆区域冯·卡门撞击坑的形貌. 第三部分为基于深度学习方法的深空数据解译内容, 其中, 在第 6 章, 给出了深度学习的一般理论, 并介绍了其在语义分割和目标检测方面的模型和代码. 第 7 章给出了相关模型在深空遥感影像分析的应用现状, 同时以 UNet 模型为例, 在月球进行了全月的形貌自动识别.

第 2 章 聚类表示与地貌识别的基础知识

如何设计符合深空遥感影像数据特点的聚类方法是进行低对比度表示和地貌识别的关键. 因此, 本章将首先回顾聚类的基本概念以及在深空遥感影像中的研究现状, 然后介绍本书后续章节会使用的一些基于统计理论或机器学习的聚类方法.

2.1 聚类的概念

聚类是指将数据集合划分为若干个由类似的对象组成的不相交子集的过程. 如果令 R 代表整个影像的数据集合, 对 R 的聚类可以看作将其划分为满足下面 5 个条件的子集 $R_1, R_2, \cdots, R_n$ 的过程 (章毓晋, 2012):

(1) $\displaystyle\bigcup_{i=1}^{n} R_i = R$;

(2) 对所有的 i 和 j, $i \neq j$, 有 $R_i \cap R_j = \varnothing$;

(3) 对所有 $i = 1, 2, \cdots, n$, 有 $P(R_i) = \mathrm{TRUE}$;

(4) 对所有 $i \neq j$, 有 $P(R_i \cap R_j) = \mathrm{FALSE}$;

(5) 对所有 $i = 1, 2, \cdots, n$, R_i 是一个连通区域,

其中, 条件 (1) 要求所有子集的并集要覆盖整幅影像, 也就是说影像中的每个点要至少属于一个子集 R_i, $i = 1, 2, \cdots, n$. 条件 (2) 要求不同子集之间相交为空集, 也即要求影像中的每个点至多属于一个子集 R_i. 前两个条件说明聚类是对原数据集的一个剖分. 条件 (3) 和 (4) 中的 $P(R_i)$ 是对子集 R_i 的逻辑谓词, 其中条件 (3) 要求同个子集内的点要具有某种共同的属性, 条件 (4) 则要求这种属性在不同子集间不再成立. 条件 (5) 要求同个子集内的点是相互连通的. 对于同一幅影像, 根据需求的不同, 可以得到不同的聚类结果. 而本书研究的重点, 则是如何通过聚类对深空影像数据中低对比度区域的表示以及未知区域的形貌分析. 针对该问题, 国内外的学者在近年来进行了大量的研究, 也得到了非常多的研究成果. 但是, 随着人类对宇宙探测步伐的不断推进和人工智能技术的进步, 新的问题不断涌现, 基于影像的深空数据分析仍将是一个研究的热点话题.

2.2 深空影像数据聚类识别方法的研究现状

聚类方法在对地遥感影像解译和判读方面得到了广泛的研究 (Aydav and Minz, 2014; Blansche et al., 2006; Jain et al., 1999; Vatsavi, 2009, Wang et al., 2018), 并取得了大量的有益成果. 然而, 在深空影像数据的应用尚属初步. 相比于对地影像, 在深空影像中, 没有多样的人造建筑, 也没有各色的水体和植被, 常见的形貌单元只是撞击坑、砾石等, 如图 2.1 所示. 其表面往往覆盖着厚厚的同色风化层, 这使得不同形貌单元在光学影像中的特征非常接近, 进一步加大了聚类和识别的难度.

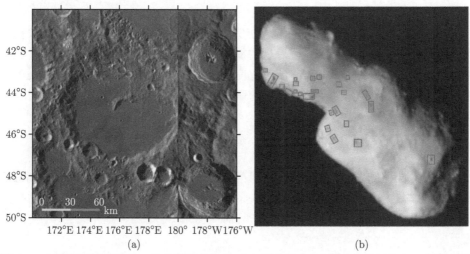

图 2.1   深空遥感影像中的一些典型形貌单元: (a) 月球冯·卡门撞击坑; (b)Toutatis 表面凸出的砾石 (方框标注)

由于撞击坑是大小型天体中最常见的形貌单元, 而且根据撞击坑的密度、分布情况还可以对其演化历史、内部结构等进行推断. 因此, 目前关于深空影像形貌的聚类和判读研究主要集中在撞击坑的自动识别方面 (刘宇轩等, 2012; Salamuniccar et al., 2008a). 根据研究思路的不同, 这些方法可以分为以下这几类.

2.2.1   人工识别

在深空探测早期, 人类观测太空的手段相对有限, 对获取的影像数据主要采用人工目视判读的方法来识别影像数据中的天体形貌和撞击坑. 例如, 在月球方面, Andersson 和 Whitaker 在 1982 年整理出了 8497 个月球撞击坑 (Andersson and Whitaker, 1982); Rodionova 等在 1987 年发布了 14923 个撞击坑的列表 (Rodionova et al., 1987); Losiak 等对 Chunk Wood 数据库的信息进行了补充和整理 (Losiak et al., 2009), Salamuniccar 等 (2014a, 2014b) 也提供了月球的撞击坑列表. 在火星方面, Barlow (1988) 给出了火星 42283 个撞击坑的列表 (http://webgis.wr.usgs.gov/mars.htm), Rodionova 等在 2000 年给出了 19308 个火星撞击坑的数据 (Rodionova et al., 2000), Kuzmin 等和 Boyce 等、Salamuniccar 等 (2008b, 2014a) 也提供了火星的撞击坑列表. 而在水星 (Kozlova et al., 2001)、木卫三 (Schenk et al., 2004)、木卫四 (Schenk et al., 2004) 等天体上, 也有了初步的人工识别结果. 这些人工识别结果大多已整理成各行星的 Ground Truth (王娇等, 2017; Salamuniccar et al., 2008b, 2014a, 2014b), 并为后续的自动判读识别提供了参考与依据.

但是, 目视判读需要耗费专业人士大量的时间, 随着深空影像数据获取技术的进步, 人工判读已经难以适应海量增加的深空影像; 同时, 人眼 "可视性" 的局限性也会导致识别结果不完整, 低对比度区域和小型撞击坑 (直径小于 5 km) 往往难以得到有效的判读. 因此, 大量的研究开始致力于利用计算机实现撞击坑的自动识别与判读.

2.2.2　基于地形信息的分析算法

在基于地形信息的分析方法中, 研究者往往会首先总结出撞击坑的地形特点以及在影像数据中的表现 (如图 2.2 中的撞击坑的示例及其结构特征), 然后据此设计计算法并实现最终的形貌判读与识别, 如霍夫变换、地形分析、模板匹配等.

● 霍夫变换

撞击坑最典型的一个特征是其环形的形状特征, 而其他地物又往往没有环形形状. 因此, 通过识别影像中的环形结构来识别撞击坑是研究最多的一种方法. 霍夫变换 (Hough Transform) 是影像处理中识别几何形状的一种常用方法 (Deans 1981; 章毓晋, 2012), 它根据点线的对偶性, 可以在预先知道识别形状的条件下, 将原影像的梯度图等通过霍夫变换转换到参数空间, 计算符合对偶性的参数的可能轨迹并累加参数点的数量, 实现环形的形状检测. 在月球撞击坑识别方面, Sawabe 等 (2005) 利用边缘检测和模糊霍夫变换可以正确识别 80% 以上的撞击坑. Salamuniccar 等 (2012, 2014b) 分别考虑了数字高程模型 (Digital Elevation Model, DEM) 数据以及光学影像与 DEM 数据集成后的识别结果. Tamililakkiya 和 Vani (2011) 使用小波变换来去除阴影, 再进行圆形的霍夫变换. Luo 等 (Luo et al., 2013; Luo and Kang, 2016) 利用霍夫变换处理了嫦娥一号获取的月球数据.

在火星撞击坑识别方面, Magee 等 (2003)、Bruzzone 等 (2004) 利用圆形霍夫变换识别了火星表面撞击坑. Bue 和 Stepinski(2007) 则利用火星轨道器激光高度计 (Mars Orbiter Laser Altimeter, MOLA) 的高程 DEM 数据和霍夫变换分析了火星的撞击坑. Michael(2003b) 根据 MOLA 可以正确地识别出 75% 以上直径超过 10km 的撞击坑. Salamuniccar 等 (2010) 在模糊霍夫变换的基础上考虑了模糊边界检测、形态学和参数空间分析、概率修正等技术, 得到了自动化程度更高、识别精度更好的结果. Leroy 和 Johnson 提出了一种广义的霍夫变换来识别椭圆形状, 并将该方法用于小行星的撞击坑识别 (Leroy et al., 2001). Zhou 和 Li 则在经典霍夫变换的基础上, 从圆的角度和半径两方面改进了霍夫变换, 提升了其在部分区域缺失或不显著的准圆型撞击坑的识别精度 (Zhou and Li, 2021).

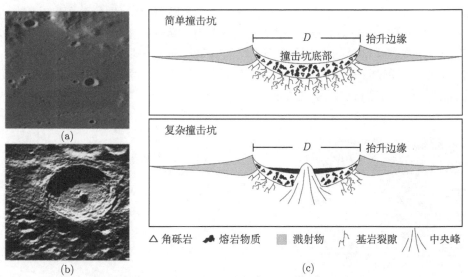

图 2.2 撞击坑示意图及其剖面结构图: (a) 月球简单撞击坑; (b) 月球复杂撞击坑; (c) 撞击坑剖面图 (刘宇轩等, 2012)

虽然霍夫变换方法简便、运算效率高, 但在退化型撞击坑、有残缺或阴影遮挡的撞击坑识别中效果还有待继续提升.

- **地形分析**

研究者在环形结构特征之外, 还从撞击坑其他的地形特点设计了识别算法, 如高程 DEM 数据分析、光照变换、局部地形变换分析 (如坡度) 等. 其中, 基于高程 DEM 数据的分析主要是考虑到撞击坑的内部高度要显著低于周边地物, 同时撞击坑边缘的抬升也可以在高程数据中得到体现. Earl 等 (2005)、Michael(2003a) 利用火星的高程 MOLA 数据进行了撞击坑的识别. Xie 等 (2013) 通过嫦娥一号

的 DEM 数据分析, 结合形态学分析对月球撞击坑进行了识别. Kim 等 (2008)
和 Simpson 等 (2008) 还进一步建立了 3D 的撞击坑数据集. Salamuniccar 等
(2014b) 发现在 2014 年以前发表的 140 余篇关于撞击坑识别的文献中, 有 39 篇
文献是基于 DEM 数据的, 还有 16 篇综合考虑了 DEM 和光学数据, 也就是说有
39% 的撞击坑识别方法考虑了高程特征. Semenzato 等 (2020) 在研究水星形貌
时, 考虑了形态地层学信息.

　　基于光照变换的分析也是从撞击坑的结构出发, 当阳光从一个方向照射到撞
击坑时, 坑内会出现明显的阴影区域和光照区域, 如图 2.3 所示 (Chen et al.,
2014), 然后根据这个特征识别光学影像中的撞击坑. Chen 等根据光照变换和
SURF(Speeded up Robust Features) 特征点来生成候选区域 ROI (Region of In-
terest), 再利用支持向量机对 "嫦娥" 数据进行了月球撞击坑的识别.
Tamililakkiya 和 Vani(2011) 提出了一种撞击坑阴影移除的技术手段. Wu 等
(2013) 设计了一种动态的特征, 根据光照变换对火星的撞击坑进行了识别. Zheng
等 (2016) 在聚类结果的基础上结合光照的变化识别了 Toutatis 的撞击坑. Wang
等 (2022) 则通过新设计的一种形貌特征算子给出了一种对光照、几何形状变化更
稳健的多尺度月球撞击坑识别方法.

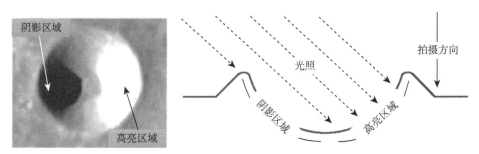

图 2.3　撞击坑的光照示意图 (Chen et al., 2014b)

● 模板匹配

　　模板匹配从撞击坑之间存在相似性的角度出发, 首先设计一种撞击坑模板,
然后在图中寻找相应的区域来识别撞击坑. Magee 等 (2003) 设计了一系列的模
板, 以互相关值为指标判断撞击坑, 在较简单的撞击坑识别中得到了较好的结果.
Burl 等 (2001) 提出了一种连续可变 (Continously Scalable) 的模板匹配方法, 对
月球撞击坑进行了识别. Barata 等 (2004) 首先使用主成分分析对火星影像进行
了分割, 再进行模板匹配, 最后通过分水岭识别了火星表面的撞击坑, 平均识别正
确率为 64.77%. Pedrosa 等 (2017) 提出了一种基于快速傅里叶变换的模板匹配
方法, 并通过计算模板和影像间的概率关系实现撞击坑的识别.

此外, 还有一些方法通过二次拟合 (冯军华等, 2010; Kanazawa et al., 1996; Kim et al., 2005; Thomas and Chan, 1989)、边缘检测 (Canny, 1986; Frei and Chen, 1977; Novosel et al., 2007; Pratt, 2001; Salamuniccar and Lonacaric, 2010; Shen and Castan, 1992) 等对撞击坑进行了识别. 同时, 基于地形分析的识别方法面临着和霍夫变换类似的问题, 当撞击坑退化或部分残缺造成地形特征的缺失时, 其识别精度往往会受到影响.

2.2.3 机器学习方法

基于地形分析的方法提高了影像地物的识别效率, 然而在这些方法中所使用的特征都是依据研究者经验所设计的, 这不仅会降低算法的自动化程度, 而且所使用的特征还会局限于研究者固有的知识范畴. 为了提高算法的自动程度, 基于机器学习的方法得到了广泛的研究. 相比于上述段落方法, 机器学习方法更注重从数据自身的特点出发, 通过统计和相关模型来实现地物的识别, 典型的方法有支持向量机 (Support Vector Machine, SVM)、深度学习等.

- **支持向量机**

支持向量机是一种有监督的分类识别方法 (Cortes and Vapnik, 1995), 需要根据人工标注数据, 来训练模型参数得到分类器. 具体而言, 支持向量机首先根据标注的训练样本来产生分类的超平面, 使得不同类别间的可分间隔最大. 而各类别中距离超平面最近的点就是支持向量. 然后根据超平面来判断新的数据的类别归属. 在训练超平面分离器的过程中, 核方法、优化对偶、软间隔等技术常被使用 (周志华, 2016). 在撞击坑识别中, 支持向量机方法首先需要若干标记有 "撞击坑" 或 "非撞击坑" 的训练数据, 然后再通过训练得到超平面, 并最终实现影像中撞击坑的识别. Stepinski 等 (2007) 对火星表面的影像首先进行了分割, 然后对分割结果进行了支持向量机的分类, 结果显示支持向量机的结果优于朴素贝叶斯和 Bagging 分离器, 其精度可以达到 91%. Welzler 等 (2005) 的研究结果也表明支持向量机的结果优于霍夫变换的结果. 然而支持向量机的性能受训练数据量的影响, 而且运算开销也比较大. 因此, 一些研究者会使用改进或简化后的特征来进行支持向量机的分类, 如 Chen 等 (2014b) 首先生成 ROI 区域, 再对这些数据进行支持向量机分类. 丁萌等 (2009) 也利用 K-L 变换 (Karhunen-Loeve Transform) 首先降低数据的维度, 再进行支持向量机的撞击坑识别. Gandhi 和 Purohit(2017) 利用稀疏编码 SIFT 特征作为支持向量机的训练特征, SIFT 特征的引入提升了撞击坑识别过程中的鲁棒性、降低了内存开销. Kang 等 (2019) 在嫦娥一号 120m 空间分辨率的标注数据中, 基于梯度直方图训练了支持向量机, 然后在嫦娥二号 1.4m、7m、50m 等不同空间分辨率的深空影像中进行了撞击坑识别, 探讨了支持向量机方法在不同空间分辨率深空遥感影像的迁移应用. Ishida 等 (2021) 利用支持向量机来提取撞击坑中的梯度信息, 并将其与卷积神经网络模型相结合, 实现撞击坑识别.

• **深度学习**

神经网络是一种仿照人类神经元结构所设计的分类方法. 在经典的神经网络结构中, 一般包含输入层、隐层和输出层. Hornik 等证实一个包含足够多神经元的神经网络能以任意的精度逼近任意的函数. 而模型的参数可以通过误差逆传播算法进行计算. Kim 等 (2005) 将该模型用于撞击坑的识别. 但是, 经典的神经网络的识别结果并不稳定, 且识别结果的可解释性也比较差.

在经过一段时间的沉寂后, 以深度卷积神经网络为代表的深度学习方法, 极大地提高了原有神经网络的识别精度 (Goodfellow et al., 2017). 在深度学习中, 隐层从一层增加到了多层, 如图 2.4(a) 所示. 尽管更多的隐层带来了更多的模型参数, 但是误差逆传播算法仍然可以有效地对模型参数进行估计. 同时, 多隐层的结构使得深度学习模型可以综合考虑不同层次的影像特征, 这极大提高了分类识别的精度, 如图 2.4(b) 所示. 同时, 这些特征也不再需要人工给定, 算法会自主地从训练数据中学习有效的特征. 近年来, 深度学习方法的发展, 尤其是端到端 (End to End) 类型和目标识别类型深度学习方法的发展, 极大促进了机器学习方法在深空遥感影像中形貌识别判断的应用. 本书的第三部分将会对相关方面的工作进行更加详细的讨论, 对该部分感兴趣的读者可以直接跳至第 6 章.

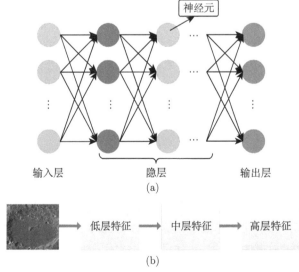

图 2.4　深度学习示意图: (a) 深度结构; (b) 多层特征

此外, 除了上述的支持向量机和深度学习方法, 其他的一些机器学习方法, 如遗传算法 (Honda et al., 2000; Plesko et al., 2002, 2003)、面向对象的分析技术 (岳宗玉等, 2008; 陈伟涛等, 2009)、Boosting 方法 (Martins et al., 2008, 2009) 等在撞击坑识别中也有着大量的应用, 并取得了不错的识别效果.

2.3 聚类相关基础知识

2.2 节大致分析了深空遥感影像聚类分析与识别的研究现状, 其中有非常多的方法可以在后续的研究中得到应用. 但是, 在实际的深空数据分析中, 仍然存在很多的困难需要解决、潜在的科学问题需要研究. 在形貌识别方面, 虽然本书后续研究的 Toutatis 小行星和月球冯·卡门撞击坑在形貌中都存在着大量的撞击坑, 但是却又具有各自的特点. 具体而言, 在 Toutatis 光学影像中, 因其自身体积较小, 所以在成像时不同侧面的形貌拍摄角度是不同的, 如图 2.5(a), 这导致不同侧面撞击坑的形状并不一致, 且其光照条件也各不相同, 因此 2.2 节中主要针对大型天体或行星的方法难以直接应用于小行星 Toutatis 的影像数据分析. 在冯·卡门撞击坑的形貌分析中, 如图 2.5(b), 现有方法在撞击坑内部的一些微小型撞击坑的识别方面仍存在不足. 除了撞击坑的分析, Toutatis 和冯·卡门撞击坑内其他的形貌, 如砾石、盆地、凸峰等, 也需要进行分析. 同时, 嫦娥三号极紫外影像数据 (图 2.5(c)) 中的地心坐标、各影像数据中的低对比度区域也有待分析, 所以需要在已有研究的基础上, 研究适合特定深空遥感数据特点 (如 "嫦娥" 数据) 的聚类分析方法.

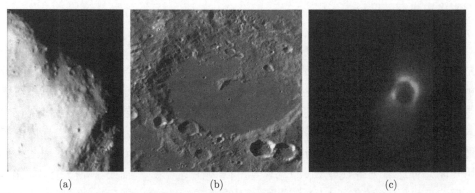

(a)   (b)   (c)

图 2.5 本书待研究的一些影像数据: (a) 嫦娥二号获取的 Toutatis 光学影像; (b) 月球冯·卡门撞击坑的 LROC 数据; (c) 嫦娥三号极紫外影像数据

由于影像数据自身属于高随机信号, 不同形貌地物的空间分布随机性强, 而同类形貌地物在统计上又存在着相似性, 因此, 采用统计的方法来研究深空遥感数据, 是一条有效的途径. 下面, 将简单介绍本书后续章节会使用到的一些统计方法的基本概念.

- **直方图**

在介绍直方图的概念之前, 本节先回顾一下数字影像的概念. 当我们使用成像设备, 如 CCD(Charge Coupled Device) 相机等, 对深空天体进行观测时, 获取的影像数据可以用一个二维函数 $f(x,y)$ 表示, 其中 $\{x,y \mid 1 \leqslant x \leqslant M, 1 \leqslant y \leqslant N, x,y \in N\}$, 且 $0 \leqslant f(x,y) \leqslant L, f(x,y) \in N$. 也就是说, 数字影像数据是一个定义在大小为 $M \times N$ 的矩形上的离散函数, 如图 2.6(a) 所示, 且一般而言 $L=255$, 在本书后续的实验中我们也只考虑这种最一般形式的影像数据. 其中, $f(x,y)$ 表示灰度值 (或称为光谱值), 其取值越大, 在影像中对应点就越接近白色; 反之则接近黑色. 当影像数据是多波段 (彩色) 时, 则最终的影像数据是各波段的叠加, 如图 2.6(b) 所示.

直方图是数字影像的一种一维统计表达方式 (章毓晋, 2012). 以单波段的灰度影像为例, 影像的直方图可以用下面的离散函数 $h(k)$ 表示:

$$h(k) = n_k, \quad k = 1, 2, \cdots, 255,$$

其中, n_k 表示影像 $f(x,y)$ 中灰度值等于 k 的像素的个数, 而所有 $h(k)$ 的集合就构成了该幅影像的直方图, 图 2.6(c) 给出了图 2.6(a) 中影像的直方图示例. 根据直方图的概念, 可以从整体上把握影像数据的分布, 并根据直方图的统计特征辅助后续的聚类和形貌分析, 例如, 本书后续的嫦娥二号 Toutatis 形貌分析、月球冯·卡门的数据分析中都用到了直方图. 此外, 基于梯度的直方图统计在深空遥感影像中也有着广泛的应用.

- **梯度分析**

在聚类中, 区分不同类别地物的一个主要假设就是同质地物的形貌在影像中是接近的, 而异质地物的形貌存在着差异, 然后根据这种差异对影像进行聚类分析. 而实现这个目的的一种主要方法就是梯度分析. 具体而言, 梯度分析通过对影像数据计算导数, 不同类别地物的边界因为较大的影像数据差异往往会出现较大的导数绝对值, 也即较大的梯度. 通过设置合理的阈值, 筛选出具有较大梯度值的像素点, 进而勾勒出不同类别间的边缘. 由于数字影像是离散化的数据, 因此常使用一阶差分运算来替代导数, 而且求导方向往往是沿着 x 轴或 y 轴进行, 如第 4 章研究 Toutatis 时在 4.2.1.1 节中所使用的公式.

但是, 在实际的聚类过程中, 同质地物内部的影像差异可能会比较大, 而异质地物的影像差异反而可能会比较小, 尤其是在低对比度区域. 这就导致经典的梯度分析在很多深空遥感影像分析中的效果不够理想. 为了提高梯度分析的精度, 一些边缘检测方法, 如 Prewitt、Sobel、Canny 等 (Salamuniccar and Lonacaric,

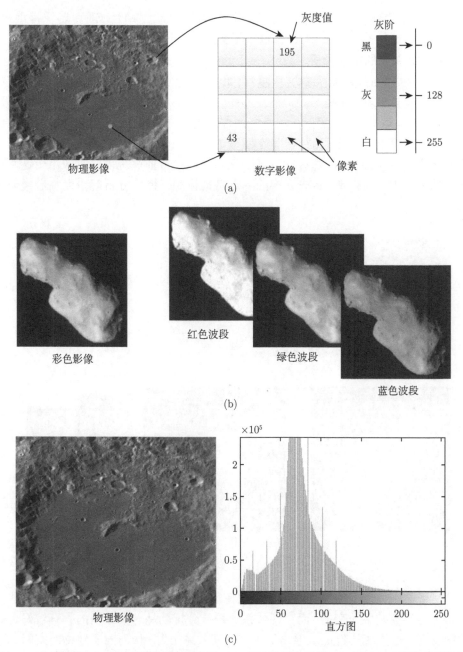

图 2.6　数字影像: (a) 数字影像离散化示例; (b) 多波段影像示例; (c) 图 (a) 中影像的直方图

2010), 通过模板运算来提高梯度计算的空间范围. 虽然这些改进提高了经典方法的检测精度, 但是在一些具体问题中仍存在着明显的不足. 因此, 本书在第 3 章分析嫦娥三号 EUV 影像数据时, 就在梯度分析的基础上, 结合 EUV 影像特点, 研究了一种圆形的差分方法, 对影像进行了更符合自身特征的数据分析.

- **空间关系的统计分析**

在大的陆地行星 (如月球、火星等) 和小行星的影像中, 由于研究对象间存在着巨大的体量差异, 同类形貌特征在不同天体的深空遥感影像中往往表现为不同的外在特征. 以撞击坑为例, 在图 2.7(a) 左侧的月球数据中, 可以假设各撞击坑的光照入射角度是近似相同的, 但是在图 2.7(b) Toutatis 小行星的影像中, 各撞击坑的光照条件明显不同, 那么此时基于光照的地形特征就难以同时应用于这两类不同的天体中. 同样地, 霍夫变换的环形特征检测、梯度分析等也面临着类似的问题.

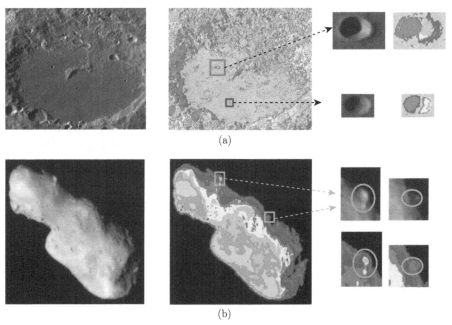

图 2.7　不同天体影像和其聚类结果上撞击坑的空间关系

尽管不同天体上的形貌在很多影像特征中存在差异, 但是它们自身的一些基本特征是不会发生改变的, 而空间关系的统计分析就是一类典型的具有较好鲁棒性的特征. 这类统计特征从地物形貌的空间关系出发, 认为同质地物的空间分布往往具有其自身的特点, 且这种广义的空间纹理信息不会随着成像角度的改变而发生变化, 如在图 2.7 中可以看到, 撞击坑在月球聚类结果和 Toutatis 聚类结果中的类别空间分布具有相似性. 因此, 地物的空间分布以及不同地物间的空间关系也是一种重要的统计特征, 通过与聚类分析相结合, 可以用于不同大小和类型天体的形貌分析. 在本书的后续研究中, 不仅在聚类结果中分析了各种地形单元的空间关系, 如嫦娥二号 Toutatis 影像和月球冯·卡门撞击坑的形貌判读; 还在聚类的过程当中直接考虑了空间关系, 如第 5 章中使用的马尔可夫随机场模型 (Li, 2009).

● 一些经典聚类方法

除了上面提及的这些统计信息, 在后面的研究过程中还会使用到一些经典的聚类方法, 例如在第 4 章使用到的 K 均值算法、均值漂移算法, 第 5 章使用的马尔可夫随机场模型等. 其中, 均值漂移属于过分割聚类方法, 它可以得到细碎但光谱相似度极高的过分割结果 (有时亦称之为超像素), 这些过分割区域往往可以表示一些基本的形貌单元, 如图 2.8(a) 所示; 而 K 均值和马尔可夫随机场模型属于语义分割聚类方法, 这类方法更注重得到较大的同质区域, 各个同质区域具有较高层次的语义含义, 如图 2.8(b) 所示. 由于后续章节在使用这些方法时都会对其进行介绍, 本章就不再进行赘述.

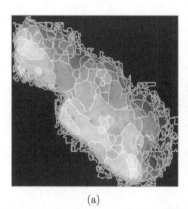 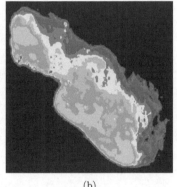

(a)   (b)

图 2.8 Toutatis 影像的几种聚类方法的结果对比: (a) 均值漂移分割结果; (b)K 均值聚类结果

第二部分 基于经典统计方法的 深空数据解译篇

- 基于嫦娥三号极紫外影像的地心定标
- 基于嫦娥二号影像数据的 Toutatis 小行星 (4179) 的形貌探索
- 基于随机场的影像低对比度区域形貌分析

第 3 章　基于嫦娥三号极紫外影像的地心定标

中国探月工程嫦娥三号着陆器上携带着一部极紫外相机, 用于观测地球的等离子体层. 该设备的光学有效载荷自 2013 年 12 月 14 日起共获得了超过 600 幅月基的地球等离子体层影像数据. 然而, 由于着陆器平台姿态控制中存在的未知因素以及任务执行期间极紫外望远镜角度的控制问题, 地球的中心位置在不同 EUV 影像 CCD 的像素位置是不固定的. 在有效的校准之前, 地心位置的偏移将会给后续等离子体层的结构分析带来额外的误差. 在仅有少量遥感影像数据的前提下, 研究了一种基于圆形差分的校准方法, 以自动精确地检测嫦娥三号不同极紫外数据中地心的位置. 在每幅 EUV 影像中, 检测方法使用一个圆的轮廓作为基本单位来寻找光谱值中较亮区域的边界. 然后, 对应圆形的中心被作为该幅影像的地心位置. 初步分析结果表明该方法检测出的结果与专家人工标记结果基本保持一致. 同时, 检测结果还表明从 2013 年 12 月到 2014 年 5 月间, 不同月份对应的检测圆形的半径是不同的. 半径的月平均变化分别与嫦娥三号着陆区域地球的天顶角和地月距离表现出明显的正、负相关关系.

3.1　任务背景与极紫外数据介绍

等离子体层是环状致密冷等离子体区域, 位于地球电离层和外磁层之间. 它最早由 Whistler 利用地基技术发现 (Carpenter, 1963, 1966; Storey, 1953). 从此往后, 许多的方法被相继提出来观测和研究地球等离子体层的各种性质 (Dent et al., 2003; Gallagher and Adrian, 2007; Hoogeveen and Jacobson, 1997; Lemaire and Storey, 2001; Meier et al., 1998; Singh A K and Singh P R, 2011), 例如等离子体的密度分布、等离子体层的侵蚀与修复、等离子体层的动态变化等. 该区域是对近地空间环境有显著影响的重要区域.

等离子体层中 10%—20% 的等离子是 He^+, 在太阳辐射下其共振散射极紫外辐射为 30.4nm (He et al., 2010; Lemaire and Gringauz, 1998; Li et al., 2009). 极紫外 (EUV) 技术通过检测 30.4nm 的辐射量可给出等离子体层 He^+ 的分布情况. 因为一些 EUV 的辐射会被地球大气层完全地吸收, 所以从地球往往难以通过极紫外对等离子体层进行观测. 而从外太空进行极紫外波段的观测就比较理想. 在过去的几十年里, 一些具有极紫外载荷的卫星被相继发射. 例如, Planet-B(Nozomi) 卫星在飞往火星的途中用搭载的 XUV(X-ran Ultraviolet) 扫描仪首次从外太空对地球等离子体层进行了扫描成像. 但是, 由于卫星轨道的原因和视场角的限制, XUV 仅仅观测到了等离子体层的局部子午面影像 (Nakamu et al., 2000). 几年后, 由美国国家宇航局 NASA 发射的 IMAGE 卫星所携带的另一个极紫外成像仪给出了地球等离子体层的全局观测数据, 其空间分辨率为 $0.1R_E$ (R_E=6378km, 代表地球半径) 每 10 分钟 (Davis et al., 2013; de Keyser et al., 2009; Sandel et al., 2001). 这些影像显示了等离子体层动态的时间评估, 并探讨了电子密度分布 (Fu et al., 2010; He et al., 2010; Sandel et al., 2003). 在 SELENE 任务中, 一个 EUV 传感器从环月轨道上对地球等离子体层进行了观测与成像 (Yoshika et al., 2008; Yoshika et al., 2010).

中国探月工程嫦娥三号于 2013 年 12 月 2 日发射升空. 其载荷中包含一个视场角为 15°, 角分辨率为 0.095° 的极紫外相机. 该航天器于 2013 年 12 月 14 日成功地在月球虹湾东部地区着陆 (Feng et al., 2014; He et al., 2013; Wu et al., 2014). 极紫外相机的工作区间为 30.4 nm 的中心波长和 4.6 nm 的带宽. 相比于前面的极紫外相机, 这个月基的极紫外相机在除了阳光直射时段外, 可以在月昼时间对地球等离子体层进行连续的观测 (He et al., 2013). 这让我们可以在相对比较长的一段时间内, 从月球轨道的不同角度在 30.4 nm 对地球等离子体层进行全景的成像, 以观测等离子体层的结构和变化情况, 该相机如图 3.1 所示.

图 3.1　极紫外相机 (Chen et al., 2014a)

从 2013 年 12 月 24 日到 2014 年 5 月 20 日, EUV 载荷共获得地球等离子体层的极紫外影像数据 600 余幅. 经整理和筛除, 由中国科学院国家天文台月球与深空探测科学应用中心 (Science and Application Center for Moon and Deep Space Exploration) 发布了 388 幅有效数据. 极紫外影像数据示例如图 3.2 所示, 其中, (a)—(c) 是原始的 EUV 影像, (d)—(f) 是为了更清晰地展示等离子体层而增强对比度后的影像. 这些影像为我们提供了地球等离子体层的长期全景观测数据, 使对地球等离子体层的空间动态分布分析成为可能. 对于这些 EUV 影像数据, 大小都是 150 像素 ×150 像素, 覆盖的空间范围约为 7.5 个地球大小 (中国科学院国家天文台月球与深空探测科学应用中心, 2015). 在这些 EUV 影像中, 明亮的区域是 EUV 中地球的等离子体层, 且地球位于其内部中心. 然而, 由于着陆器平台姿态控制中存在的未知因素以及任务执行期间极紫外望远镜角度的控制问题, 这些影像中地心的位置并没有固定在同一个像素位置上, 而是有着细微的变化.

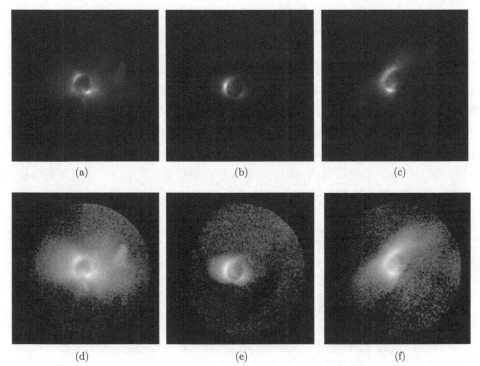

图 3.2 嫦娥三号极紫外影像数据: (a) 2013 年 12 月 24 日获取的 EUV 影像;(b) 2014 年 2 月 21 日获取的 EUV 影像;(c) 2014 年 5 月 20 日获取的 EUV 影像;(d)—(f) 是 (a)—(c) 的增强影像

因为地心位置的变化将会给后续等离子体层结构分析带来额外的误差, 所以需要一种能确定各幅影像中地心位置坐标的方法. 因此, 本章节提出了一种针对嫦娥三号极紫外数据特点的地心坐标自动检测方法. 在该方法中, 首先分析了极紫外影像中等离子体层的光谱特征. 然后, 一种圆形差分方法被提出, 并用来从影像中找到地球等离子体层中明亮区域的圆形轮廓. 该轮廓的圆心被定位为地心坐标, 具体细节请见下文.

3.2   极紫外数据特征分析

为了对不同的极紫外数据进行地心定标, 本节首先分析了 EUV 数据的特点, 其中发布的 388 幅数据的获取时间如表 3.1 所示, 具体时间请见本章附表.

表 3.1   388 幅 EUV 影像数据的获取时间

获取时间	2013 年 12 月 24 日	2014 年 1 月 22 日	2014 年 2 月 21 日	2014 年 3 月 22 日	2014 年 4 月 20—22 日	2014 年 5 月 20 日
影像数量	2	9	119	65	153	40

从表 3.1 可知, EUV 影像的获取时间和不同时间的获取数量都是不同的. 尽管获取时间不同, 但是这些数据也存在着一些共同的特征. 为了研究地球和其等离子体层的光谱特征, 首先在一幅给定的 EUV 影像 $Y = \{y(i,j)|1 \leqslant i \leqslant M, 1 \leqslant j \leqslant N\}$ 中选取一个接近地心坐标的点 (i_0, j_0). 通过该点, 可以做两条垂直线 $l_1 = \{y(i,j)|j = j_0\}$ 和 $l_2 = \{y(i,j)|i = i_0\}$, 即, l_1 是一条水平线而 l_2 是一条垂直线. 图 3.3 给出了一些示例, 其中 3 幅 EUV 影像选取的点 (i_0, j_0) 分别选取为 $(74,73), (75,69)$ 和 $(70,74)$.

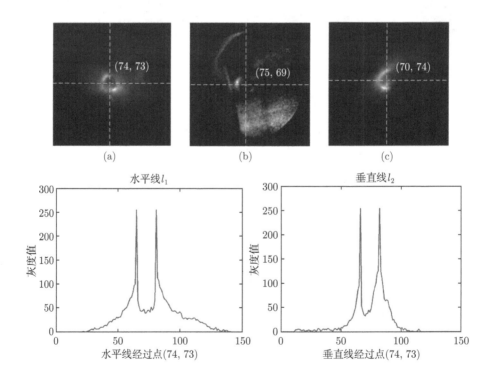

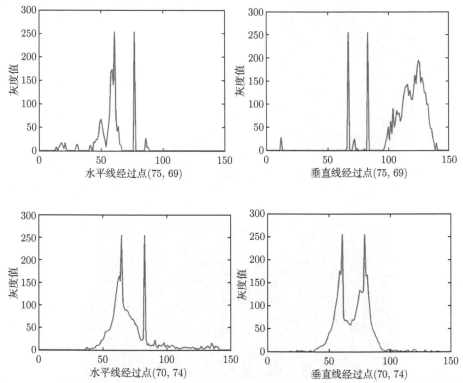

图 3.3 EUV 影像光谱特征分析示例. 第一行为接近地心的点. 下面的两列分别是经过该点所做水平线和垂直线的直方图

经过这些选取点的水平与垂直线都表明 EUV 影像的光谱值中会出现两个峰值. 这些光谱值比较大的点在 EUV 中对应的是较为明亮的区域, 其中最亮的区域是在 He$^+$ 30.4nm 散射下地球等离子体层的部分气辉区域 (The Brightest Part of Airglow in the EUV Image, EUV-BPA) (Chen et al., 2014a; Sandel et al., 2003). 而地球, 如图 3.4 所示, 位于气辉 (Airglow) 的内部且与其紧邻. 因此, 我们将主要考虑 EUV 中气辉的提取定位方法. 通过定位气辉的位置实现地心定标.

对于不同时刻的 EUV 影像, 如果只考虑通过某点水平线和垂直线的峰值来定位气辉和地心, 那么当地球阴影遮挡住对应位置的气辉时, 就会导致此处峰值的缺失, 这会影响最终的定标精度. 但是, 由于地球阴影只能遮挡气辉很小的一部分, 其他部分仍是明亮区域, 这些点在数值上仍处于局部的峰值位置, 如图 3.5 中的三角标注的点. 由于气辉是呈圆环形状的区域, 如果可以根据这些峰值点确定出气辉在影像中的环形中心和半径, 则可以根据气辉和地球球心是同心圆的特点来定标地心. 所以, 本章的第三部分将根据这个特点, 讨论一种能确定含有峰值点的圆形差分方法来定位气辉.

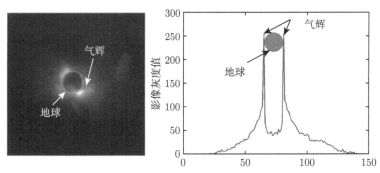

图 3.4　EUV 影像中地球和气辉的空间关系

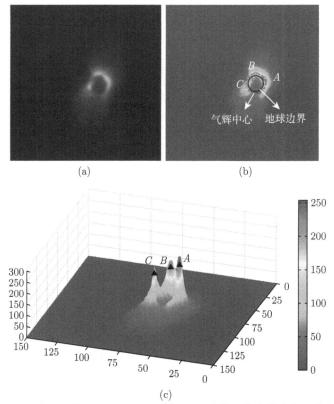

图 3.5　获取于 2013 年 12 月 24 日 16:51:17 的 EUV 影像及其光谱值在二维和三维的可视化

3.3 圆形差分方法

EUV 影像的气辉部分紧绕着地球, 它的中心也即为地球的中心. 根据 EUV 影像的光谱特征, 气辉部分会具有局部的最大光谱值, 且在 EUV-BPA 周围会有明显的变化. 因此, 可以根据光谱值的变化率, 即影像光谱的梯度, 来提取 EUV-BPA. 差分是一种常用的计算变化率的数学工具 (Gonzalez and Woods, 2008). 但由于地球存在阴影部分, 气辉的光亮区域并不是一个环绕地球的完整的圆环. 而经典的差分运算又是沿着某一方向来计算的, 如水平或垂直, 这将不能有效地检测阴影区域. 因此, 地心位置的定位精度也将受此影响.

为了解决这个问题, 本节给出了一种圆形差分方法. 该方法以圆形 $C_{i_0,j_0}(r)$ 为基本单位来计算它和与它邻接的外部圆 $\mathrm{Ex\_}C_{i_0,j_0}(r)$ 或内部圆 $\mathrm{In\_}C_{i_0,j_0}(r)$ 之间的光谱变化率. 这些圆可以提供具有圆形位置的圆形差分结果, 这可用于检测 EUV-BPA 并给出地心的位置坐标. 圆形差分方法的细节如下给出.

对一个给定的点 (i_0, j_0) 和半径 r, 首先在公式 (3.1) 中定义圆 $C_{i_0,j_0}(r)$,

$$C_{i_0,j_0}(r) = \{(i,j)|(i-i_0)^2 + (j-j_0)^2 = r^2,\ i_0, j_0 \in N,\ i, j, r \in R\}. \tag{3.1}$$

在影像中将 $C_{i_0,j_0}(r)$ 离散化, 可以得到

$$C_{i_0,j_0}(r) = \{(i,j)|(i-i_0)^2 + (j-j_0)^2 = r^2,$$

$$i_0, j_0, i, j \in N,\ 1 \leqslant i_0, j_0, i, j \leqslant 50, r \in R\}. \tag{3.2}$$

$C_{i_0,j_0}(r)$ 的外部圆 $\mathrm{Ex\_}C_{i_0,j_0}(r)$ 和内部圆 $\mathrm{In\_}C_{i_0,j_0}(r)$ 可类似定义如下:

$$\mathrm{Ex\_}C_{i_0,j_0}(r) = \{(i,j)|(i-i_0)^2 + (j-j_0)^2 = (r+1)^2,$$

$$i_0, j_0, i, j \in N,\ 1 \leqslant i_0, j_0, i, j \leqslant 150, r \in R\}, \tag{3.3}$$

$$\mathrm{In\_}C_{i_0,j_0}(r) = \{(i,j)|(i-i_0)^2 + (j-j_0)^2 = (r-1)^2,$$

$$i_0, j_0, i, j \in N,\ 1 \leqslant i_0, j_0, i, j \leqslant 150, r \in R\}. \tag{3.4}$$

图 3.6 的左侧给出了一个示例, 其中红色的圆是给定的圆 $C_{i_0,j_0}(r)$, 绿色的圆是它的外部圆 $\mathrm{Ex\_}C_{i_0,j_0}(r)$, 而蓝色的圆则是它的内部圆 $\mathrm{In\_}C_{i_0,j_0}(r)$.

然后, 可以进一步地定义这三个圆的点之间的空间邻接关系. 具体而言, 对圆 $C_{i_0,j_0}(r)$ 中的每个点 (i', j'), 令 $\mathrm{Ex\_}N(i', j')$ 和 $\mathrm{In\_}N(i', j')$ 分别表示属于

$\mathrm{Ex\_}C_{i_0,j_0}(r)$ 和 $\mathrm{In\_}C_{i_0,j_0}(r)$ 且与点 (i',j') 空间相邻的点的集合. 然后, 我们有

$$\mathrm{Ex\_}N(i',j') = \{(i,j)|(i,j) \in \mathrm{Ex\_}C_{i_0,j_0}(r),(i',j')$$

$$\in C_{i_0,j_0}(r),|i-i'| \leqslant 1,|j-j'| \leqslant 1\}, \tag{3.5}$$

$$\mathrm{In\_}N(i',j') = \{(i,j)|(i,j) \in \mathrm{In\_}C_{i_0,j_0}(r),(i',j')$$

$$\in C_{i_0,j_0}(r),|i-i'| \leqslant 1,|j-j'| \leqslant 1\}. \tag{3.6}$$

图 3.6 的右图给出了一个示例, 其中黄色的点表示 (i',j'), 四个绿色的像素点组成了集合 $\mathrm{Ex\_}N(i',j')$, 两个蓝色的像素点构成了集合 $\mathrm{In\_}N(i',j')$.

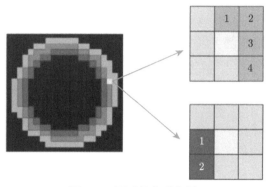

图 3.6　圆形差分示意图

因此, 点 (i',j') 的外部和内部差分值可如下计算:

$$\mathrm{Ex\_}D(i',j') = \begin{cases} \dfrac{\displaystyle\sum_{(i,j)\in\mathrm{Ex\_}N(i',j')} y(i,j)}{|\mathrm{Ex\_}N(i',j')|} - y(i',j'), & (i',j') \in C_{i_0,j_0}(r), \\ 0, & \text{其他,} \end{cases} \tag{3.7}$$

$$\mathrm{In\_}D(i',j') = \begin{cases} \dfrac{\displaystyle\sum_{(i,j)\in\mathrm{In\_}N(i',j')} y(i,j)}{|\mathrm{In\_}N(i',j')|} - y(i',j'), & (i',j') \in C_{i_0,j_0}(r), \\ 0, & \text{其他,} \end{cases} \tag{3.8}$$

这里 $\mathrm{Ex\_}D(i',j')$ 是点 (i',j') 的光谱值与集合 $\mathrm{Ex\_}N(i',j')$ 内所有点平均光谱值的差分, 而 $\mathrm{In\_}D(i',j')$ 亦可类似计算. 据此, 我们可以通过考虑内外部的差分来进一步地定义点 (i',j') 的圆形差分值, 即

$$\mathrm{Circle\_}D(i',j') = \mathrm{Ex\_}D(i',j') + \mathrm{In\_}D(i',j'). \tag{3.9}$$

最后, 对选取的圆 $C_{i_0,j_0}(r)$ 上每个像素点的圆形差分值进行求和, 则 $C_{i_0,j_0}(r)$ 的圆形差分总值等于

$$C\_D[C_{i_0,j_0}(r)] = \frac{\sum\limits_{(i',j')\in C_{i_0,j_0}(r)} \text{Circle}\_D(i',j')}{|C_{i_0,j_0}(r)|}. \tag{3.10}$$

上述定义的圆形差分计算方法与经典的差分计算是不同的, 因为它同时考虑了选取圆与其内外部圆的光谱差异. 这个差分方法可在圆形约束的条件下检测出 EUV-BPA 的光谱变化率. 该方法的算法如下给出.

算法

输入: 一个给定的点 (i_0,j_0) 半径 r.

输出: $C_{i_0,j_0}(r)$ 的圆形差分值

1) 使用给定的点 (i_0,j_0) 和半径 r 来定义圆 $C_{i_0,j_0}(r)$, 以及它的外部圆和内部圆 $\text{Ex}\_C_{i_0,j_0}(r)$ 和 $\text{In}\_C_{i_0,j_0}(r)$.

2) 根据公式 (3.5) 和 (3.6), 选取给定圆上像素点在内外圆上空间相邻点的集合.

3) 计算给定圆上每个点的内外圆形差分 $\text{Ex}\_D(i',j')$ 和 $\text{In}\_D(i',j')$.

4) 根据公式 (3.9) 计算每个点的圆形差分值, 再根据公式 (3.10) 得到总的圆形差分值 $C\_D[C_{i_0,j_0}(r)]$.

我们使用圆形差分方法来定位 EUV-BPA. 因为 EUV-BPA 附近的光谱值变化迅速, EUV-BPA 的圆 $C_{i^*,j^*}(r^*)$ 应该在 EUV 影像的中间部分具有最大的光谱变化率, 即

$$C_{i^*,j^*}(r^*) = \underset{\substack{(i,j)\in M \\ r\in R}}{\arg\max} |C\_D[C_{i,j}(r)]|.$$

因为 EUV-BPA 上点的光谱值一般都大于其邻近的内外部圆上的点, 根据公式 (3.7) 和 (3.8), $\text{Ex}\_D(i',j')$ 和 $\text{In}\_D(i',j')$ 都应该为负值. 这意味着圆形差分值 $C\_D[C_{i,j}(r)]$ 也是负的, 则

$$\begin{aligned}
C_{i^*,j^*}(r^*) &= \underset{\substack{(i,j)\in M \\ r\in R}}{\arg\max} |C\_D[C_{i,j}(r)]| \\
&= \underset{\substack{(i,j)\in M \\ r\in R}}{\arg\max} (-C\_D[C_{i,j}(r)]) \\
&= \underset{\substack{(i,j)\in M \\ r\in R}}{\arg\min} C\_D[C_{i,j}(r)],
\end{aligned} \tag{3.11}$$

其中 M 是给定影像内位于中间部分的点的集合, R 是不同半径的集合. 为了找到 $C_{i^*,j^*}(r^*)$, 我们使用了**两步策略**来寻找最优的圆心 (i^*,j^*) 和半径 r^*.

第一步, 我们令半径为一个固定值 r_0, 然后找到在该半径 r_0 下圆的最优中心位置 (i^*, j^*). 也就是

$$C_{i^*,j^*}(r_0) = \operatorname*{arg\,min}_{(i,j)\in M} C\_D[C_{i,j}(r_0)]. \tag{3.12}$$

因为嫦娥三号 EUVC 影像的大小都是 150×150, 我们考虑点 (75, 75) 附近的区域为影像的中部. 具体而言, M 被经验地定义为 $M = \{(i,j)\,|\,|i-75| \leqslant 7, |j-75| \leqslant 7, i, j \in N\}$. 图 3.7 给出了一个示例, 其中圆心位于 (74,73) 时取到了局部最小的差分值.

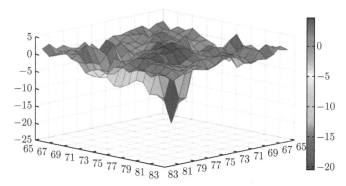

图 3.7　固定半径的条件下, 不同圆心对应的圆形差分值

第二步, 我们从集合 R 中根据最小差分值 $C\_D[C_{i^*,j^*}(r_0)]$ 来确定最优半径 r^*, 该半径应在集合 R 中所有半径 r_0 中具有最小的 $C\_D[C_{i^*,j^*}(r_0)]$ 值, 即

$$C_{i^*,j^*}(r^*) = \operatorname*{arg\,min}_{r_0 \in R} C\_D[C_{i^*,j^*}(r_0)]. \tag{3.13}$$

由于每幅影像中 EUV-BPA 的半径是相对稳定的, 其取值于 9 到 10 个像素之间. 因此, 我们以 0.1 为步长, 选取 9 到 10.2 这 13 个 r_0 值构成半径集合 R. 图 3.8 给出了一个选择最优半径 r^* 的示例, $C\_D[C_{i^*,j^*}(r)]$ 且 $r = 9.4$ 时得到了最小的差分值. 因此, 我们令 r^* 等于 9.4. 根据公式 (3.12) 和 (3.13), 具有最佳圆心 (i^*, j^*) 和 r^* 最优半径的圆 $C_{i^*,j^*}(r^*)$ 就是公式 (3.11) 中提及的 EUV-BPA 圆形轮廓, 即

$$
\begin{aligned}
C_{i^*,j^*}(r^*) &= \operatorname*{arg\,min}_{r_0 \in R} C\_D[C_{i^*,j^*}(r_0)] \\
&= \operatorname*{arg\,min}_{r_0 \in R} [\operatorname*{arg\,min}_{(i,j)\in M} C\_D[C_{i,j}(r_0)]] \\
&= \operatorname*{arg\,min}_{\substack{(i,j)\in M \\ r \in R}} C\_D[C_{i,j}(r_0)].
\end{aligned}
\tag{3.14}
$$

因此, $C\_D[C_{i^*,j^*}(9.4)]$ 的最优圆心 (i^*,j^*) 就是图 3.8 示例中给出的 EUV 影像的地心坐标.

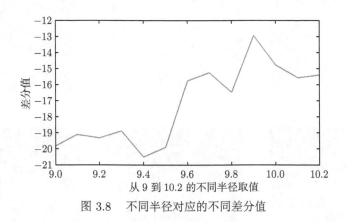

图 3.8　不同半径对应的不同差分值

3.4　地心定标结果

本章提出了一种圆形差分方法以检测定位嫦娥三号不同 EUV 影像中地心的位置. 为了评估该方法, 嫦娥三号从 2013 年 12 月 24 日至 2014 年 5 月 20 日获取的共 715 幅 EUV 影像数据被用来进行测试. 在这些 EUV 影像中, 有 35 幅影像无论是使用本章方法还是专家目视判读都难以根据其光谱值定位出地心坐标. 而对余下的 680 幅影像, 圆形差分方法可以有效地定位出影像中地心的位置. 本方法检测的成功率超过 95%. 图 3.9 给出了一些示例. 由于等离子体层是动态变化的, 所以在不同时间段获取的影像中它的外观是不同的. 这些影像中的 EUV 气辉部分也是较为模糊的, 如图 3.9 的 (a) 和 (h). 一些影像中仅含有少量的明亮区域, 如图 3.9 中的 (c) 和 (g). 这都给地心定位带来了挑战. 据图可知, 本章方法得到的地心定位结果具有较好的准确性和鲁棒性, 它们往往和专家目视判读的结果一致.

680 幅 EUV 影像地心检测坐标的结果在图 3.10 中给出, 其中 (a) 和 (b) 分别给出了 x 和 y 轴的坐标值, (c) 给出了三维坐标结果, (d) 则给出了 680 幅 EUV 影像圆形差分求解时的最佳半径值. 其中, 地心 x 轴坐标值在 75 左右振荡, 具体而言, 在前 200 幅影像中先增加随后降低. 地心 y 轴坐标值则表现出了增加的趋势, 其平均值大致为 72. 而三维坐标图的结果则没有显示出明显的变化规律, 但是坐标位置可以大致分为 4 或 5 类. 这是因为嫦娥三号得到的 EUV 影像数据在时间上并不是连续的. 地心坐标的明显变化也与观测时间的变化密切相关. 这表明嫦娥三号 EUV 载荷对不同观测时间校准测量时, 控制系统的参数估计可能会导致地心坐标出现若干像素的漂移.

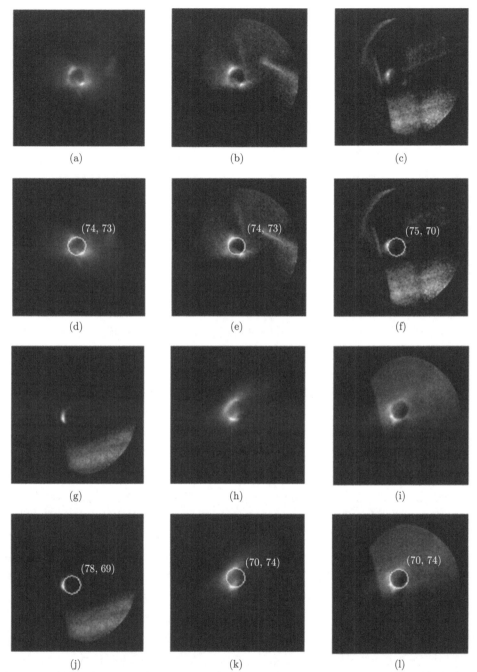

图 3.9　嫦娥三号 EUV 影像的一些探测结果. (a), (b), (c), (g), (h) 和 (i): 不同时间段获取的 EUV. (d), (e), (f), (j), (k) 和 (l): 初步定位的地心和地球轮廓

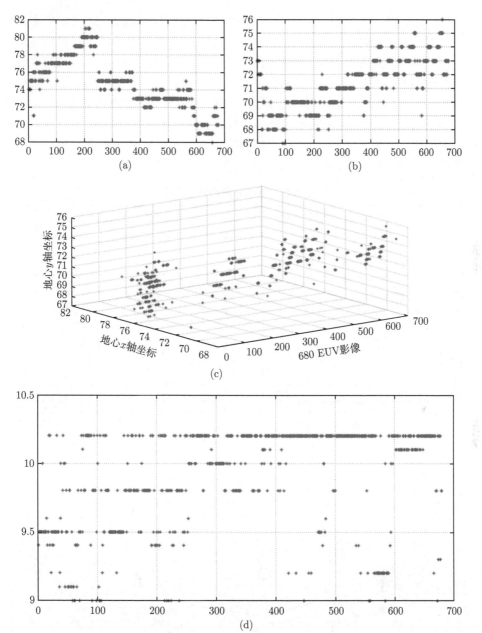

图 3.10　680 幅 EUV 影像的地心坐标结果. (a) 地心坐标的 x 轴位置;(b) 地心坐标的 y 轴位置;(c) 3D 视角下的地心坐标; (d) 地心坐标对应的半径 r^*

　　半径的选择或估计依赖于 EUV 气辉的光谱值. 气辉部分是变化较快速的区域且在不同的 EUV 影像中具有不同的外观. 这使得半径 r^* 会在区间 [9, 10.2] 内振荡, 如图 3.10 (d) 所示. 然而, 在一段相对短的时间内, 嫦娥三号 EUV 影像中 EUV-BPA 的半径是不会发生显著变化的. 因此, 我们仅使用同一月份内或同一月昼内获取 EUV 影像的平均半径值来定位该时间段内的地心坐标. 这可以降低单幅影像选取半径时出现错误的可能, 并降低运算时间. 平均半径的具体取值在表 3.2 中给出, 680 幅 EUV 影像的地心检测坐标结果也根据半径进行了更新, 如图 3.11 所示. 此外, 388 幅发布的极紫外数据的地心初步定标结果, 也在本章的附录部分给出. 据观测, 当我们改变半径值时, 680 幅 EUV 影像检测出的地心位置没有发现明显改变. 这表明了方法的稳定性.

表 3.2　不同时间的半径选择

月份	2013 年 12 月	2014 年 1 月	2014 年 2 月	2014 年 3 月	2014 年 4 月	2014 年 5 月
半径	9.5	9.6	9.6	10.1	10	10

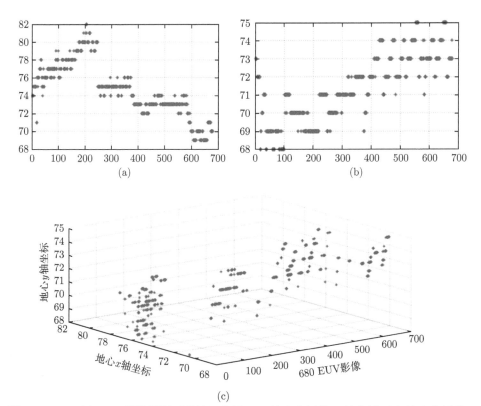

图 3.11　680 幅 EUV 影像更新后的地心坐标. (a) 地心坐标的 x 轴位置; (b) 地心坐标的 y 轴位置; (c) 3D 视角下的地心坐标

　　根据表 3.2 中的数据, 不同月份 EUV-BPA 的半径是不同的. 为了探讨半径会发生变化的原因, 我们进一步考虑了 EUV-BPA 半径和其他一些几何因素间的关系. 具体而言, 这些因素有: ①嫦娥三号着陆区域太阳的天顶角, 记为 Arg 1; ②在条件 Arg 1 下地球的天顶角, 记为 Arg 2; ③满足条件 Arg 1 和 Arg 2, 太阳–嫦娥三号与地球–嫦娥三号这两条线之间的夹角, 记为 Arg 3; ④ 地球和月球之间的距离. 图 3.12 给出了从 2013 年 12 月至 2014 年 5 月间不同月份 EUV-BPA 半径的长度, 以及上述因素在 EUV 影像获取时间内的月平均值.

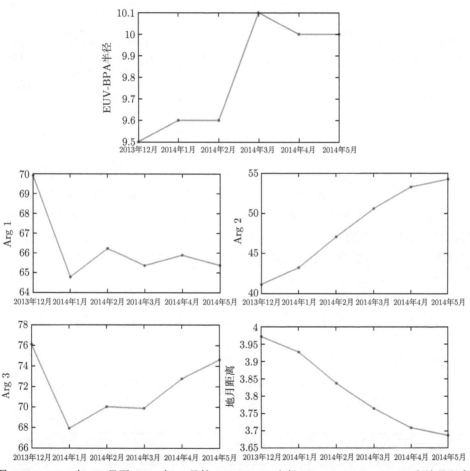

图 3.12   2013 年 12 月至 2014 年 5 月的 EUV-BPA 半径, Arg 1, Arg 2, Arg 3 和地月距离

EUV-BPA 半径和这些几何因素之间的相关系数在表 3.3 中给出. 从中可知, Arg 2 和地月距离的改变表现出了与半径变化间的显著正相关和负相关关系. 它们之间的回归关系如下:

$$\text{EUV-BPA半径} = 0.078 \cdot (\text{Arg 2}) + 1.5816\text{地月距离} + \text{残差}. \tag{3.15}$$

上述方程从 2013 年 12 月至 2014 年 5 月间的 EUV-BPA 半径拟合残差分别为 0.098, 0.016, −0.1416, 0.1992, −0.0213 和 −0.0622. 这说明 Arg 2 和地月距离对 EUV-BPA 半径的变化具有影响. 然而, EUV 的观测时间仅仅为 6 个月, 较少的样本会限制分析的精度. 此外, 其他一些尚未知晓的因素也会影响 EUV-BPA 半径的改变. 这是值得进一步关注的问题.

表 3.3　不同时段 EUV-BPA 半径和几何因素间的相关系数

月份	2013 年 12 月	2014 年 1 月	2014 年 2 月	2014 年 3 月	2014 年 4 月	2014 年 5 月	相关系数
Arg1(°)	69.9168	64.7786	66.2215	65.3607	65.8882	65.3745	−0.5419
Arg2(°)	41.1193	43.2129	47.0665	50.5859	53.2667	54.2347	0.8979
Arg3(°)	76.0785	67.9027	70.0194	69.8761	72.7662	74.6114	0.0074
地月距离 (10^8m)	3.9717	3.9277	3.8372	3.7642	3.7081	3.6862	−0.8946

3.5　结　　论

综上所述, 我们给出了一种在嫦娥三号 EUV 影像中定位地心坐标的圆形差分方法. 该方法的特点主要体现在下面两点. 首先, 圆形被作为基本单位来计算差分. 相比于经典的差分方法, 圆形差分方法更适于检测具有圆形轮廓的气辉的明亮区域. 其次, 该方法是一种自动检测方法. 它可以提高地心检测的效率. 实验结果证实本章方法可以有效地从嫦娥三号 EUV 影像中定位出地心的坐标, 且其结果与专家目视判读结果保持一致.

附录　388 幅发布的 EUV 影像的初步地心定标结果

影像的时间格式为

"year(yyyy)+month(mm)+day(dd)+hour(hh)+minute(mm)+second(ss)", i.e. yyyymmddhhmmss.

20131224165117	(76,90)	20140221025219	(75,82)	20140221072325	(74,82)
20131224170138	(76,90)	20140221030240	(75,82)	20140221073346	(74,82)
20140122191247	(76,83)	20140221031302	(75,82)	20140221074408	(74,82)
20140122192308	(76,83)	20140221033437	(75,84)	20140221075430	(74,81)
20140122193330	(76,83)	20140221034458	(75,83)	20140221081606	(74,82)
20140122194351	(76,83)	20140221035521	(75,83)	20140221082627	(74,82)
20140122195414	(76,82)	20140221040542	(75,83)	20140221083649	(74,82)
20140122200435	(76,82)	20140221041604	(75,83)	20140221084710	(74,82)
20140122201457	(76,82)	20140221042625	(75,83)	20140221085732	(74,82)
20140122202518	(76,82)	20140221043647	(75,83)	20140221090754	(74,82)

20140122203540	(76,82)	20140221044708	(75,83)	20140221091816	(74,82)
20140221002623	(76,83)	20140221045730	(75,83)	20140221092837	(74,82)
20140221003645	(76,83)	20140221050751	(75,83)	20140221093859	(74,81)
20140221004706	(76,83)	20140221051813	(75,83)	20140221094920	(74,81)
20140221005728	(76,83)	20140221052835	(75,83)	20140221095942	(74,81)
20140221011904	(75,83)	20140221053857	(75,83)	20140221101003	(74,81)
20140221012925	(75,83)	20140221060032	(75,83)	20140221103139	(73,82)
20140221013947	(75,83)	20140221061053	(75,83)	20140221104201	(73,82)
20140221015008	(75,83)	20140221062115	(75,83)	20140221105222	(73,82)
20140221020030	(75,83)	20140221063136	(75,83)	20140221110244	(73,82)
20140221021051	(75,83)	20140221064159	(75,83)	20140221111305	(73,82)
20140221022113	(75,83)	20140221065220	(74,82)	20140221112327	(73,82)
20140221023135	(75,83)	20140221070242	(74,82)	20140221113348	(73,82)
20140221024157	(75,83)	20140221071303	(74,82)	20140221114411	(73,82)
20140221162539	(73,81)	20140322134401	(78,84)	20140322214314	(78,83)
20140221163600	(73,81)	20140322135423	(78,84)	20140322215335	(78,83)
20140221164622	(73,81)	20140322140444	(78,84)	20140322220357	(78,83)
20140221165643	(73,81)	20140322141506	(78,84)	20140322221418	(78,83)
20140221170705	(73,81)	20140322142528	(78,84)	20140322223553	(78,84)
20140221171727	(72,80)	20140322143550	(78,84)	20140322224615	(78,84)
20140221173905	(75,81)	20140322145725	(78,85)	20140322225636	(78,84)
20140221174927	(75,81)	20140322150746	(78,85)	20140322230659	(78,84)
20140221175948	(75,81)	20140322151808	(78,85)	20140322231720	(78,84)
20140221181011	(75,81)	20140322152830	(78,85)	20140322232742	(78,83)
20140221182032	(75,81)	20140322153851	(78,85)	20140322233803	(78,83)
20140221183054	(75,81)	20140322154914	(78,85)	20140322234825	(78,83)
20140221184115	(75,80)	20140322155935	(78,84)	20140322235847	(78,83)
20140221185137	(75,80)	20140322160957	(78,84)	20140420210249	(79,86)
20140221190158	(75,80)	20140322162018	(78,84)	20140420211311	(79,85)
20140221191220	(75,80)	20140322163040	(78,84)	20140420212332	(79,85)
20140221192241	(75,80)	20140322164101	(78,84)	20140420213354	(79,85)
20140221193303	(75,80)	20140322165123	(78,84)	20140420214416	(79,85)
20140221195439	(75,81)	20140322170144	(78,84)	20140420215437	(79,85)
20140221200501	(75,81)	20140322172320	(77,85)	20140420220458	(79,85)
20140221201522	(75,81)	20140322173342	(77,85)	20140420221520	(79,85)
20140221202544	(75,81)	20140322174403	(78,84)	20140420222542	(80,85)
20140221203605	(75,81)	20140322175425	(78,84)	20140420223604	(80,85)
20140221204627	(75,81)	20140322180447	(78,84)	20140420224626	(80,85)
20140221205649	(75,81)	20140322181508	(78,84)	20140420225647	(80,85)
20140221210711	(75,81)	20140322182530	(78,84)	20140420230708	(80,85)
20140221211732	(75,81)	20140322183551	(78,84)	20140420231730	(80,85)
20140221212754	(75,80)	20140322184613	(78,84)	20140420232751	(80,85)
20140221213815	(75,80)	20140322185635	(78,84)	20140420233814	(80,85)
20140221214837	(75,80)	20140322190657	(78,84)	20140420234835	(80,85)
20140221215858	(75,80)	20140322191718	(78,84)	20140420235857	(80,84)
20140221220920	(75,80)	20140322192740	(78,84)	20140421000918	(80,84)

20140221221942	(75,80)	20140322193801	(78,84)	20140421001940	(80,84)
20140221223003	(75,80)	20140322195937	(78,84)	20140421003002	(80,84)
20140322115933	(77,84)	20140322200959	(78,84)	20140421004023	(80,84)
20140322120955	(77,84)	20140322202020	(78,84)	20140421005045	(81,84)
20140322123130	(77,84)	20140322203042	(78,84)	20140421010106	(81,84)
20140322124151	(77,84)	20140322204103	(78,84)	20140421012245	(78,86)
20140322125213	(77,84)	20140322205125	(78,84)	20140421013307	(78,86)
20140322130235	(77,84)	20140322210147	(78,84)	20140421014328	(78,86)
20140322131257	(77,84)	20140322211208	(78,84)	20140421015350	(79,86)
20140322132318	(77,84)	20140322212230	(78,84)	20140421020411	(79,85)
20140322133340	(77,84)	20140322213251	(78,84)	20140421021434	(79,85)
20140421103523	(80,86)	20140421160840	(82,85)	20140421215317	(80,85)
20140421104545	(80,85)	20140421161901	(82,85)	20140421220338	(80,85)
20140421105606	(80,85)	20140421164040	(79,85)	20140421221359	(80,85)
20140421110628	(80,85)	20140421165102	(79,85)	20140421222421	(80,85)
20140421111649	(80,85)	20140421170123	(79,85)	20140421223442	(80,85)
20140421112712	(80,85)	20140421171145	(79,85)	20140421224504	(80,85)
20140421113733	(80,85)	20140421172206	(79,85)	20140421225526	(80,85)
20140421114755	(80,85)	20140421173228	(79,85)	20140421230548	(80,85)
20140421115816	(81,85)	20140421174249	(79,85)	20140421231609	(80,85)
20140421121951	(81,86)	20140421175312	(79,85)	20140421232631	(80,85)
20140421123014	(81,86)	20140421180333	(79,85)	20140421233653	(80,85)
20140421124035	(81,86)	20140421181355	(79,85)	20140421234714	(81,85)
20140421125057	(81,86)	20140421182416	(79,85)	20140421235736	(81,85)
20140421130118	(81,86)	20140421184551	(79,85)	20140422000757	(81,85)
20140421131140	(81,86)	20140421185613	(79,85)	20140422001819	(81,85)
20140421132202	(81,85)	20140421190635	(79,85)	20140422002840	(81,85)
20140421133223	(81,85)	20140421191657	(79,85)	20140422003903	(81,85)
20140421134245	(81,85)	20140421192718	(79,85)	20140422004924	(81,85)
20140421135306	(81,85)	20140421193740	(79,85)	20140422005946	(81,85)
20140421140329	(81,85)	20140421194801	(79,85)	20140422011007	(81,85)
20140421142504	(81,85)	20140421195823	(80,85)	20140520110307	(82,87)
20140421143525	(81,85)	20140421200844	(80,85)	20140520111329	(83,88)
20140421144547	(81,85)	20140421201906	(80,85)	20140520112350	(83,88)
20140421145608	(81,85)	20140421202927	(80,85)	20140520113412	(83,88)
20140421150630	(81,85)	20140421203950	(80,85)	20140520114433	(83,88)
20140421151651	(81,85)	20140421210128	(79,85)	20140520115455	(83,88)
20140421152714	(81,85)	20140421211149	(79,85)	20140520120516	(83,88)
20140421153735	(82,85)	20140421212211	(79,85)	20140520121539	(83,88)
20140421154757	(82,85)	20140421213232	(79,85)	20140520122600	(83,88)
20140421155818	(82,85)	20140421214255	(79,85)	20140520124735	(83,88)
20140221115432	(73,82)	20140421022455	(79,85)	20140421065601	(81,85)
20140221120454	(73,82)	20140421023517	(79,85)	20140421070623	(81,85)
20140221121515	(73,82)	20140421024538	(79,85)	20140421071644	(81,85)
20140221122537	(73,82)	20140421025600	(79,85)	20140421072707	(81,85)
20140221123558	(73,82)	20140421030621	(79,85)	20140421073729	(81,85)

续表

20140221125734	(73,82)	20140421031643	(79,85)	20140421075907	(79,86)
20140221130756	(73,82)	20140421033819	(79,86)	20140421080928	(79,86)
20140221131818	(73,82)	20140421034840	(79,86)	20140421081950	(79,86)
20140221132839	(73,82)	20140421035902	(79,86)	20140421083012	(79,86)
20140221133901	(73,82)	20140421040923	(79,86)	20140421084034	(79,86)
20140221134922	(73,82)	20140421041945	(79,86)	20140421085055	(79,86)
20140221135944	(73,82)	20140421043007	(79,86)	20140421090117	(79,86)
20140221141005	(73,82)	20140421044028	(79,86)	20140421091138	(79,86)
20140221142027	(73,82)	20140421045050	(80,86)	20140421092200	(79,86)
20140221143049	(73,82)	20140421050112	(80,86)	20140421093221	(80,86)
20140221144111	(73,82)	20140421051133	(80,86)	20140421094243	(80,86)
20140221145132	(73,82)	20140421052155	(80,86)	20140421100419	(80,86)
20140221151307	(73,82)	20140421054330	(80,86)	20140421101440	(80,86)
20140221152329	(73,81)	20140421055352	(80,86)	20140421102502	(80,86)
20140221153351	(73,81)	20140421060414	(80,85)	20140520125757	(83,88)
20140221154413	(73,81)	20140421061435	(80,85)	20140520130818	(83,88)
20140221155434	(73,81)	20140421062457	(80,85)	20140520131840	(84,88)
20140221160456	(73,81)	20140421063518	(80,85)	20140520132901	(84,88)
20140221161517	(73,81)	20140421064540	(80,85)	20140520133924	(84,88)
20140520144229	(80,88)	20140520153417	(81,88)	20140520134945	(84,88)
20140520145250	(80,88)	20140520154438	(81,88)	20140520140007	(84,88)
20140520150312	(80,88)	20140520155501	(81,88)	20140520141028	(84,88)
20140520151334	(80,88)	20140520160522	(81,88)	20140520142050	(84,88)
20140520152355	(80,88)	20140520161544	(81,88)	20140520173929	(81,88)
20140520170824	(81,88)	20140520162605	(81,88)	20140520174950	(82,88)
20140520171846	(81,88)	20140520164740	(81,88)	20140520180012	(82,88)
20140520172907	(81,88)	20140520165802	(81,88)	20140520181033	(82,88)
20140520182055	(82,88)				

第 4 章　基于嫦娥二号影像数据的 Toutatis 小行星 (4179) 的形貌探索

2012 年 12 月 13 日 16 时 30 分 09 秒, 中国探月工程嫦娥二号卫星成功飞掠编号为 4179 的近地小行星 Toutatis. 嫦娥二号卫星飞掠小行星时的相对速度为 10.37km/s, 与其最近距离达到了 3.2km, 并获取了该小行星的高空间分辨率影像数据. 这些光学影像数据使我们有机会近距离地观测这颗小行星的表面形貌特征.

本章首先针对典型的形貌对象, 如撞击坑、凸出的砾石等, 提出了一种基于梯度分析与区域约束的自动判读方法, 其主要包括 2 个步骤: 梯度分析得到形貌种子点以及区域约束提取最终结果. 具体而言, 梯度分析首先计算影像数据 x 轴向、y 轴向的偏导图, 并根据导数差异与空间邻接关系提取初步的形貌种子点; 然后, 再分析梯度模值存在较大差异值的点和初步种子点的空间关系得到形貌种子点; 区域约束则利用均值漂移算法对形貌种子点做分割运算得到最终提取结果. 与人工提取结果相比较, 行星典型形貌单元的平均自动提取精度在 90% 以上.

在自动判读 Toutatis 形貌特征的过程中, 嫦娥二号影像数据中一些局部的低对比度区域限制了识别的精度. 为了解决这个问题, 本章随后又根据嫦娥二号光学影像数据的特点, 提出了一种分层分类的方法来辅助分析 Toutatis 的形貌特点. 该方法首先分别在宏观和微观两个层面上对影像数据进行分类. 然后, 根据分层分类的结果, 探索 Toutatis 表面的形貌特征. 实验结果表明该方法不仅能从新的视角来解译 Toutatis 已有的形貌研究结果, 还能在低对比度区域揭示一些新的形貌特征. 具体而言, 两个新的形貌特征被发现, 一个位于 Toutatis 大瓣的角落处, 显示出了特殊的光谱值; 另一个位于影像数据的背景中, 是一个类似恒星的天体对象.

4.1　Toutatis 小行星介绍

近地小行星 Toutatis 在 1934 年 2 月 10 日被人类首次观测到, 并在随后的几十年消失在茫茫的太空中. 在 1989 年 1 月 4 日, 这颗小行星再次被法国人 Christian Pollas 观测到, 并命名为 Toutatis, 小行星编号 4179. Toutatis 属于阿波罗小行星系, 它具有类似花生或保龄球的不规则形状, 如图 4.1 所示. 它由两个瓣组成, 其中较小的瓣常被称为 "头部", 较大的瓣被称为 "身体", 两者之间的连接部分被称为 "脖子"(Huang et al., 2013; Zhu et al., 2014). 该小行星约每 4 年接近地球一次, 受地球 4:1 的共振影响, 其轨道是偏心且低倾角的 (Hudson and Ostro, 1995; Scheeres et al., 1998; Takahashi et al., 2013). Toutatis 曾被地基的遥感技术观测到, 如光谱望远镜、雷达等 (Davies et al., 2007; Howell et al., 1994; Ostro et al., 1995, 1999). 根据这些观测数据, Toutatis 的许多性质已被人类所探知, 例如它的轨道、旋转状态、基本的形貌特征, 以及它的 3D 模型 (Davies et al., 2007; Mueller et al., 2002; Hudson and Ostro, 1995; Ostro et al., 1995; Reddy et al., 2012; Scheeres et al., 1998; Spencer et al., 1995; Whipple and Shelus, 1993). 然而, 基于地基的观测数据难以揭示这颗小行星更多的细节形貌信息.

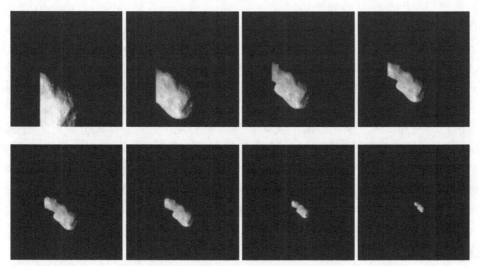

图 4.1 嫦娥二号获取的 Toutatis 影像数据 (Zheng et al., 2016)

嫦娥二号, 中国第二颗探月飞行器, 在完成了它的探月任务后, 在 2012 年 12 月 13 日 8:29:58 (UTC 时间) 完成了对小行星 Toutatis 的成功飞掠. 其中, 在 UTC 时间 08:30:09 和该小行星达到了最近距离 3.2km, 而当嫦娥二号飞掠 Toutatis 时, 其载荷的监控摄像机获得了超过 400 幅小行星的光学影像数据. 这些影像的大小都是 1024×1024, 空间分辨率从 3m 到 80m 不等 (Li and Qiao, 2014; Zhu et al., 2014), 拍摄的帧速率为每秒 5 幅影像, 视角为 7.2° × 7.2°. 这些数据给了我们一个揭示 Toutatis 形貌细节的机会.

Zou 等 (2014) 对比了 Hudson 等 (2003) 提出的雷达模型和嫦娥二号影像数据的相似点和不同处, 这些影像不仅直接证实了砾石和风化层的存在, 同时还给我们带来了这颗小行星的一些新发现, 即, 大瓣上的一个巨大的凹陷部分 (Huang et al., 2013; Zhu et al., 2014) 和颈部区域的垂直轮廓 (Huang et al., 2013). 形貌特征进一步研究还表明 Toutatis 的内部可能是呈蜂窝状的 (Huang et al., 2013; Reddy et al. 2012; Zhu et al., 2014).

4.2　基于梯度分析与区域约束的形貌自动判读

嫦娥二号获取的高空间分辨率光学影像数据展示出 Toutatis 小行星更丰富的细节形貌特征, 尤其是表面不同大小的撞击坑以及凸起的砾石. 它们广布于 Toutatis 表面, 构成了该小天体的主要形貌单元, 因此研究嫦娥二号影像数据中这些形貌单元的自动判读和提取方法具有重要意义. 目前, 已有一些相关研究, 它们根据撞击坑和砾石的局部往往存在高亮的光照区域与昏暗的阴影区域的特点, 在影像数据中寻找具有较大光谱值差异的对象, 并相继提出了数学形态学 (Urbach, 2007; Urbach and Stepinski, 2009)、模板匹配 (Barata et al., 2004; Burl et al., 2001)、边缘检测 (冯军华等, 2010; Sawabe et al., 2006) 等方法. 然而, 这些方法的研究基本都是针对较大天体的特点展开的研究, 如月球、火星等. 它们虽然能在一定程度上提取出部分典型地物, 但不能结合 Toutatis 小天体数据的自身特点, 而且缺乏后续的优化步骤. 针对这个问题, 本部分研究了 Toutatis 小行星的影像数据特点, 并提出了一种基于梯度分析与区域约束的撞击坑和巨石的自动提取方法. 该方法利用梯度分析提高典型形貌单元的提取速度, 并通过对光谱值梯度变换特点的分析与空间关系得到形貌的种子点; 然后再利用均值漂移方法对种子点做过分割, 利用区域约束优化种子点, 标识出最终结果. 与人工判读结果相比, 该方法可以对小行星的撞击坑和砾石地貌进行有效的自动提取.

4.2.1　梯度分析提取形貌种子点

梯度分析由两个子步骤构成: 首先, 对 x 轴向与 y 轴向的偏导图进行分析得到初始种子点; 然后, 再结合梯度模值和初始种子点得到形貌种子点.

4.2.1.1　x 轴向与 y 轴向的梯度分析

对大小为 $M \times N$ 的 Toutatis 小行星的影像数据 $I = \{I_s | s = (i, j), 1 \leqslant i \leqslant M, 1 \leqslant j \leqslant N\}$ 进行梯度计算, 得到

$$\mathrm{grad}(I) = \frac{\partial I}{\partial x} i + \frac{\partial I}{\partial y} j,$$

其中, $\partial I/\partial x$ 和 $\partial I/\partial y$ 为两个正交方向的偏导图. 由于撞击坑和砾石的局部光谱值变化很迅速, 它们的偏导值变化比较大, 往往会对应较大的正值或较小的负值, 在偏导图上表现为明亮或阴暗的区域, 如图 4.2(b) 和图 4.2(c). 本部分方法根据这一特点, 对各点 x 轴向和 y 轴向的偏导值按照从小到大的顺序排序. 设置百分比阈值 $p \in (0.5, 1]$, 并记 $T(p)\_x$ 为 x 轴向排序后第 $M \times N \times p$ 个元素的偏导值. 类似地, 记 $T(1-p)\_x$ 为 x 轴向排序后第 $M \times N \times (1-p)$ 个元素的偏导值. 那么, 当 p 取值接近 1 时, 集合

$$L\_x = \left\{ s \left| \frac{\partial I_s}{\partial x} \geqslant T(p)\_x \right. \right\}, \tag{4.1}$$

$$D\_x = \left\{ s \left| \frac{\partial I_s}{\partial x} \leqslant T(1-p)\_x \right. \right\} \tag{4.2}$$

分别包括了 x 轴向偏导图中取值较大和取值较小的点, L_x 和 D_x 对应了撞击坑和砾石的光照点和阴影点集合.

类似地, 可以定义符号 $T(p)\_y$ 和 $T(1-p)\_y$, 以及 y 轴向光照点和阴影点的集合

$$L\_y = \left\{ s \left| \frac{\partial I_s}{\partial y} \geqslant T(p)\_y \right. \right\}, \tag{4.3}$$

$$D\_y = \left\{ s \left| \frac{\partial I_s}{\partial y} \leqslant T(1-p)\_y \right. \right\}. \tag{4.4}$$

由于撞击坑和巨石的光照区域与阴影区域是毗邻的, 因此我们定义以点 s 为中心, 半径为 s 的局部窗 $W(s,r)$, 利用光照和阴影区域的空间邻接关系对上述集合进行优化, 得到优化后的 x 轴向光照区域集合 L_W_x、x 轴向阴影区域集合 D_W_x、y 轴向光照区域集合 L_W_y、y 轴向阴影区域集合 D_W_y, 即

$$L_W\_x = \{s | s \in L\_x 并且 D\_x \cap W(s,r) \neq \varnothing\},$$

$$D_W\_x = \{s | s \in D\_x 并且 L\_x \cap W(s,r) \neq \varnothing\},$$

$$L_W\_y = \{s | s \in L\_y 并且 D\_y \cap W(s,r) \neq \varnothing\},$$

$$D_W\_y = \{s | s \in D\_y 并且 L\_y \cap W(s,r) \neq \varnothing\}.$$

并得到初始种子点集合

$$S\_\text{initial} = L_W\_x \cup D_W\_x \cup L_W\_y \cup D_W\_y. \tag{4.5}$$

图 4.2(d) 至图 4.2(h) 给出了上述 5 个集合的一个示例图.

4.2.1.2　梯度模值分析

根据梯度 grad(I) 可以计算对应梯度的模值:

$$F(I) = |\text{grad}(I)| \,.$$

对影像中各点的梯度模值从小到大排序后, 记 $T(2p-1)\_F$ 为其第 $M \times N \times (2p-1)$ 个元素的梯度模值. 那么, 具有较大梯度模值的点的集合可以如下计算:

$$F\_\text{high} = \{s | F(I_s) \geqslant T(2p-1)\_F\}. \tag{4.6}$$

考虑到撞击坑和砾石的光照和阴影区域应同时隶属于初始种子点集合 S_initial 和较大梯度模值点集合 F_high, 所以最终的形貌种子点集合定义为

$$\text{Seed} = S\_\text{initial} \cap F\_\text{high}. \tag{4.7}$$

图 4.2(i) 给出了梯度模值的一个示意图, 图 4.2(j) 是根据该示意图提取的较大梯度模值点集合 F_high, 图 4.2(k) 是最终提取的形貌种子点.

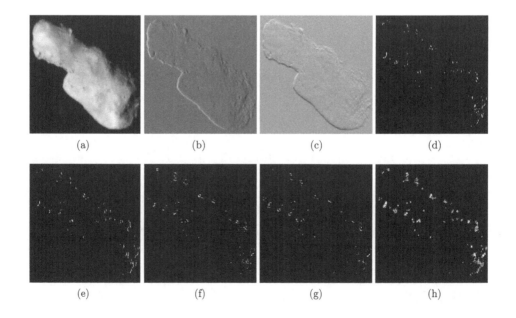

(a)　　　　　　(b)　　　　　　(c)　　　　　　(d)

(e)　　　　　　(f)　　　　　　(g)　　　　　　(h)

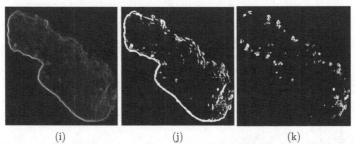

图 4.2 梯度分析得到形貌种子点的示例. (a)Toutatis 遥感影像; (b) x 轴向的偏导图; (c) y 轴向的偏导图; (d) x 轴向光照点集合 L_x; (e) x 轴向阴影点集合 D_x; (f) y 轴向光照点集合 L_y; (g)y 轴向阴影点集合 D_y; (h) 初始种子点集合 $S\_initial$; (i) 梯度模值图; (j) 较大模值点集合 F_high; (k) 形貌种子点

从该例可以看出, 初步种子点集合能提取出梯度变化比较快速的区域, 但存在少量的误分点; 而在梯度模值较大的集合中, 行星边界对典型地物的识别是一种干扰. 将梯度变化速度与梯度模值这两个特征相结合, 就可以去除掉较多的误分点, 较好地提取撞击坑和砾石区域部分典型的种子点.

4.2.2 基于区域约束的形貌单元自动标识

本部分首先将简单地介绍均值漂移算法, 然后给出所提的具体算法.

4.2.2.1 均值漂移算法

均值漂移算法是一种基于非参数统计分析的区域过分割方法 (Cheng,1995; Comaniciu and Meer, 2002; 王雷光等, 2011). 它在某些特征空间通过非参数的核密度估计方法计算各个点的概率密度函数, 然后通过计算概率密度函数的梯度获取各个点的均值漂移量, 再迭代地找到各个点的局部极值点, 实现聚类和分割.

具体而言, 利用核密度估计 (Parzen 窗) 估计的概率密度函数为

$$\hat{f}_{h,k}(x) = \frac{c_{k,d}}{nh^d} \sum_{i=1}^{n} k\left(\left\| \frac{x - x_i}{h} \right\|^2 \right), \tag{4.8}$$

其中, k 是核函数, h 是带宽, d 是 x 的维数, x_i 是样本 $(i = 1, 2, \cdots, n)$, $c_{k,d}$ 是归一化常数. 求其关于 x 的梯度, 得

$$\nabla \hat{f}_{h,k}(x)$$

$$= \frac{2c_{k,d}}{nh^{d+2}} \sum_{i=1}^{n} (x - x_i) k'\left(\left\| \frac{x - x_i}{h} \right\|^2 \right)$$

$$
= \frac{2c_{k,d}}{nh^{d+2}} \left[\sum_{i=1}^{n} -k'\left(\left\| \frac{x-x_i}{h} \right\|^2 \right) \right] \left[\frac{\sum_{i=1}^{n} -k'\left(\left\| \frac{x-x_i}{h} \right\|^2 \right) \cdot x_i}{\sum_{i=1}^{n} -k'\left(\left\| \frac{x-x_i}{h} \right\|^2 \right)} - x \right], \quad (4.9)
$$

上式中最后一个等号的前一部分可以看作是在核函数 $-k'$ 下的概率密度函数, 而后一部分就是均值漂移项, 即

$$
m_{h,-k'}(x) = \frac{\sum_{i=1}^{n} -k'\left(\left\| \frac{x-x_i}{h} \right\|^2 \right) \cdot x_i}{\sum_{i=1}^{n} -k'\left(\left\| \frac{x-x_i}{h} \right\|^2 \right)} - x. \quad (4.10)
$$

而通过反复执行下面步骤:

(1) 计算均值漂移量 $m_{h,-k'}(x)$;

(2) 根据 $m_{h,-k'}(x)$ 移动核函数 (窗口) $-k'$.

最终的收敛点既为均值漂移算法最终过分割的聚类结果. 对形貌种子点进行均值漂移过分割运算, 可以将细碎的像素点分割为相对完整的连通小区域. 这种区域的约束能提高形貌单元描述的完整性, 优化提取结果. 实验部分的结果也表明了区域约束的作用.

4.2.2.2　提出的方法

本章提出的基于梯度分析与区域约束的 Toutatis 小行星形貌的自动提取方法, 其具体算法如下:

(a) 计算给定影像的 x 与 y 轴向的偏导图 $\partial I/\partial x$ 和 $\partial I/\partial y$, 以及梯度模值 $F(I)$.

(b) 对于给定的百分比阈值 $p \in (0.5, 1]$, 根据公式 (4.1) 至 (4.4) 首先计算局部光照和阴影区域, 再根据公式 (4.5) 得到初始种子点.

(c) 根据公式 (4.6) 计算较大模值点集合, 并利用公式 (4.7) 获取标记有形貌种子点的影像数据.

(d) 将标记有形貌种子点利用公式 (4.10) 进行均值漂移运算, 根据过分割结果实现形貌单元的自动提取.

图 4.3 给出了上述算法的流程图.

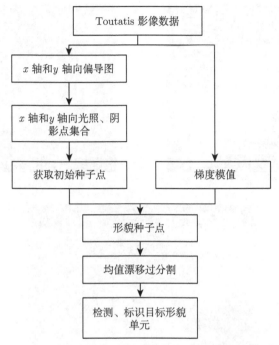

图 4.3 基于梯度分析与区域约束的自动检测算法流程图

4.2.3 实验分析

嫦娥二号获取的 Toutatis 小行星光学影像数据 (Huang et al., 2013; Gao, 2013; Zou et al., 2014) 的空间分辨率达到了近 3m, 影像大小为 1024×1024. 为了验证本章方法的有效性, 我们将给出 Toutatis 小行星地貌自动提取的实验结果. 由于获取的光学影像数据中具有较多的深空背景 (图 4.1), 因此在实验阶段首先剔除了部分背景, 用于实验的影像大小为 310×320, 如图 4.4(a) 所示.

在提出的算法中, 需要确定的参数主要有两个: 百分比阈值 p 和局部窗 $W(s,r)$ 的半径 r. 根据影像的大小, 局部窗半径 r 选为 2. 对于阈值参数 p, 考虑到同一地物单元光照部分与阴影部分的光谱强度是相当的, 所以我们选取了若干个递增的 p 值来描述这一特征, 用来匹配明亮程度与阴暗程度较接近且空间毗邻的种子点. 在本节实验中, 选取的 p 值分别为 96%, 96.5%, 97%, 97.5%, 98%. 将各个阈值 p 的形貌种子点相结合, 得到了最终的种子点, 如图 4.4(b) 所示.

图 4.4(c) 给出了最终的提取结果, 其中绿色区域为提取的典型地物单元. 从结果可以看出, 基于均值漂移的区域约束提高了形貌单元描述的完整性, 优化了图 4.4(b) 的初步结果. 而且, Toutatis 小行星上较小的撞击坑和巨石都被较好地识别出来了.

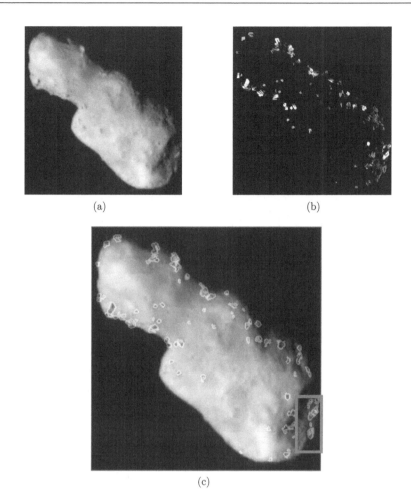

(c)

图 4.4　撞击坑与巨石的提取结果. (a) Toutatis 遥感影像; (b) 不同阈值形貌种子点集合;
(c) 检测结果

　　为了定量地分析本章方法的识别正确率, 我们将上述识别结果与人工标注结果 (Huang et al., 2013) 进行了对比. 从表 4.1 给出的定量指标, 可以看出撞击坑和巨石的识别正确率分别达到了 89.7% 和 92%, 平均识别正确率则达到了 90.7%.

表 4.1　本章方法的识别正确率

	人工检测数	自动识别数	识别正确率
撞击坑	29	26	89.7%
巨石	25	23	92%

　　此外, 表 4.2 给出了实验结果的误检率. 在排除了实验影像下方的红色方框

区域内的结果后, 本章方法共提取了 55 个目标区域. 其中, 49 个识别正确, 6 个误检区域, 误检率约为 10%.

表 4.2   本章方法的误检率

总检测区域 (排除红色框内区域)	正确识别数	误检数	误检率
55	49	6	10.9%

4.2.4   自动提取方法的相关结论

针对嫦娥二号卫星飞掠 Toutatis 小行星时所获取的光学影像数据, 本章上述内容提出了一种基于梯度分析与区域约束的形貌单元 (撞击坑与砾石) 自动提取方法, 对该小天体的形貌与典型地物单元进行了初步探索. 方法根据检测地物在光照条件下光谱值变化的特征, 首先利用梯度分析得到了初步的形貌种子点, 然后利用基于均值漂移的区域约束进一步优化了种子点区域并标识出了相应的形貌单元. 与人工标记结果相比, 本章方法平均的识别正确率超过了 90%. 但是, 方法对光照条件较差或地形较复杂的区域识别有待改进. 为了提高方法在这些区域的识别精度, 本章将在下一部分讨论一种提高嫦娥二号 Toutatis 影像中低对比度区域的方法.

4.3   基于 Toutatis 影像数据的增强技术及形貌的分层分类分析

在嫦娥二号影像中, 小行星的影像光谱值常常比较高, 而深空背景的影像光谱值常常比较小. 两者之间显著的光谱值差异使得嫦娥二号影像中存在一些低对比度区域, 例如图 4.5 中标记为 B 和 C 的局部区域. Michelson 对比度公式 (Michelson, 1927), 也被称为能见度, 被用来定量的评估这些区域, 其定义如下

$$V = \frac{I_{\max} - I_{\min}}{I_{\max} + I_{\min}},$$

其中, $I_{\max}$ 和 $I_{\min}$ 表示测试区域光谱的最大和最小值. 整个测试影像的对比度 V 是 1, 其中 $I_{\max} = 255$, $I_{\min} = 0$. 而标记为 B 的一些区域的对比度 V 仅为 0.4595, 标记为 C 的一些区域的对比度为 0.2201. 这些低对比度区域给 Toutatis 的形貌判读带来了挑战. 尽管 Toutatis 的许多形貌特征已经被探知 (Bu et al., 2015; Gao, 2013; Huang et al., 2013; Li and Qiao, 2014; Zhu et al., 2014; Zou et al., 2014), 但是如果能解决低对比度的问题并提高嫦娥二号影像的质量, 更多的信息就可以被进一步地发现. 近年来, 一些方法被相继提出来自动地探测撞击坑

和砾石 (Liu et al., 2012), 例如数学形态学 (Urbach, 2007; Urbach and Stepinski, 2009)、模板匹配 (Burl et al., 2001; Barata et al., 2004)、边缘检测 (Sawabe et al., 2006; Feng et al., 2010). 当这些方法被用于大行星的撞击坑探测时, 往往有较好的表现. 然而, 对于嫦娥二号的 Toutatis 影像, 它各个侧面的拍摄角度不同, 且具有一些局部低对比度区域, 这限制了这些方法的识别精度.

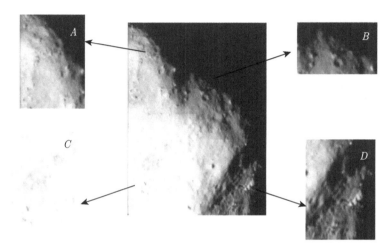

图 4.5　　一幅嫦娥二号影像和其局部低对比度区域

根据上述问题, 一种分层分类的方法被提出来解决低对比度区域的问题, 并辅助 Toutatis 的形貌识别. 具体而言, 提出的方法首先将嫦娥二号影像数据分为几个大的类别, 而属于每个类别的地物往往具有相似的光谱值. 然后, 每个大的类别被进一步地分为一些小的子类. 因为具有相似光谱值的不同地物有可能被分为不同的子类, 这样有可能捕获低对比度区域不同地物的差异. 根据本节方法获取的嫦娥二号分类结果提供了一种新的视角来分析 Toutatis 的形貌, 这有望从聚类的角度突破低对比度区域给人工判读带来的限制. 实验结果表明, 使用提出的分层分类方法能揭示 Toutatis 一些新的形貌特征.

4.3.1　分层分类分析方法

提出的分析方法希望能提供一种针对嫦娥二号 Toutatis 影像数据的形貌分析方法, 特别是在低对比度区域. 为了实现这个思路, 如图 4.6 所示, 分层分类的算法被提出. 它含有两个子模块: 宏观层面分类和微观层面分类.

对于宏观层面分类, 它首先分析了 Toutatis 光谱值的分布. 影像的光谱直方图在图 4.7 (b) 中给出. 从该直方图, 我们可以看到影像光谱值具有两个峰值.

一个峰, 位于 200 左右, 对应于 Toutatis 的亮面, 其具有较大的光谱值. 另一个峰, 位于 0 附近, 对应黑色的深空背景. 在两个峰中间, 有一个较大的直方图谷底, 它对应了 Toutatis 的侧面. 根据这些特征, 观测影像 $Y = \{y_s | s = (i,j), 1 \leqslant i \leqslant M, 1 \leqslant j \leqslant N\}$, 大小为 $M \times N$, 应该在宏观层面被分为 3 个大的地物类别, 分别与这两个峰值和一个谷底相对应.

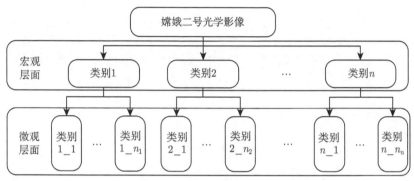

图 4.6　本节方法的流程图

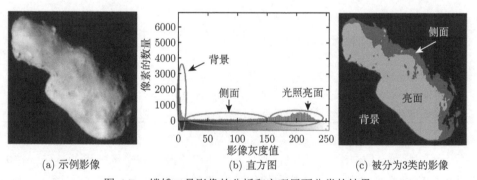

(a) 示例影像　　　　　　(b) 直方图　　　　　　(c) 被分为3类的影像

图 4.7　嫦娥二号影像的分析和宏观层面分类的结果

　　K 均值算法是一种使用广泛的经典分类方法 (Jain et al., 1999), 本节以其作为聚类工具, 其细节讨论如下.

　　使用 K 均值获得的宏观分类结果如图 4.7 (c) 所示. 三个大的类别分别是 Toutatis 的亮面 (绿色)、侧面 (蓝色) 和深空背景 (黑色). 因此, 在宏观层面, 除去深空背景, Toutatis 的形貌可以被大致地分为两个部分. 然而, 形貌的许多细节无法从宏观结果获得, 为了探讨形貌更多的细节信息, 每个大类的影像数据在微观层面被进一步地进行细分. 如图 4.8 所示, Toutatis 的亮面被进一步地分为 4 个子类别 O_1, O_2, O_3 和 O_4. 此处, 这 4 个子类的影像光谱平均值是逐渐减少的, 也就是说, O_1 有最大的影像光谱平均值, O_4 的影像光谱平均值是最小的. 类似地, 侧面被分为 3 个子类 (P_1, P_2 和 P_3), 背景也进一步地分为了 3 个子类 (B_1, B_2 和 B_3).

K 均值算法

输入: 嫦娥二号影像数据 Y 和类别数目 ($n=3$).

输出: 宏观层的分类结果

1) 随机地选择 n 个像素 $\{C_1^{(0)}, C_2^{(0)}, \cdots, C_n^{(0)}\}$ 作为每个类别的聚类中心, 此处 $C_i^{(0)} \in Y, i = 1, 2, \cdots, n$. 令 $t = 0$.

2) 对每个像素 $y_s \in Y$, 根据影像的光谱值计算它和每个类别中心的距离, 即

$$D_s(i) = \left\| y_s - C_i^{(t)} \right\|, \quad i = 1, 2, \cdots, n,$$

并确定能使距离达到最小的类别

$$i^* = \operatorname*{arg\,min}_{i=1,2,\cdots,n} D_s(i).$$

然后, 像素 y_s 被标记为类别 i^*.

3) 当所有像素根据第二步进行了类别的划分, 更新每一类的距离中心, 即

$$C_i^{(t+1)} = \frac{\sum_{y_s \in L_i^{(t)}} y_s}{\left| L_i^{(t)} \right|}, \quad i = 1, 2, \cdots, n,$$

此处, $L_i^{(t)}$ 表示集合 $\{y_s | y_s$ 被标记为 i 且聚类中心为 $C_i^{(t)}\}$.

4) 如果所有的距离 $\left\| C_i^{(t)} - C_i^{(t+1)} \right\| \leqslant T$, T 是阈值且 $i = 1, 2, \cdots, n$, 停止并输出结果; 否则, 令 $t = t+1$ 并返回第 2) 步.

本节方法尝试使用分类图代替光谱图, 进行嫦娥二号影像数据的表示. 在宏观层面, 影像数据被分为几类具有相似光谱值的地物类别. 在微观层面, 每类的数据被进一步地分为不同的子类, 以展示低对比度区域不同地物的差异. 在微观层面的分类中, 一个基本的问题是如何确定子类的数目. 如果子类数目被设置得太小, 分类图将难以区分不同地物的差别; 反之, 如果类别数目设置得太多, 每个子类将不再具有具体的语义含义. 因此, 需要在类内方差最小和类间方差最大的指导原则下确定类别数目. 请注意, 一些子类可能会在大类中被误分, 所以它们需要在微观分类中进行修正. 例如, 在图 4.8 中, 我们知道背景的两个子类 B_1 和 B_2, 应该属于 Toutatis 的侧面, 但它们因光谱值较小而在宏观层面被误分为背景. 因此, 我们在微观分类层面将它们修正为侧面的子类. 另外, 我们在本节使用 K 均值作为分类工具是想突出分层分类的作用. 如果想获取更好的分类结果, 可

以使用其他更优的分类方法代替 K 均值方法.

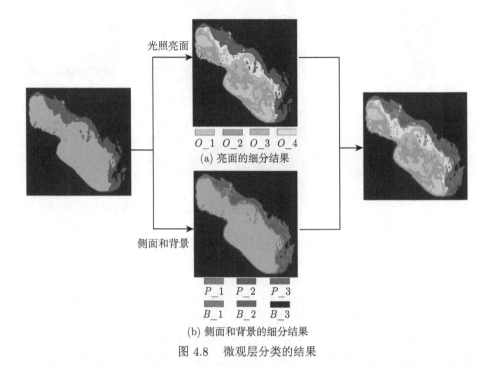

光照亮面

O_1 O_2 O_3 O_4

(a) 亮面的细分结果

侧面和背景

P_1 P_2 P_3

B_1 B_2 B_3

(b) 侧面和背景的细分结果

图 4.8 微观层分类的结果

4.3.2 分层分类结果与分析

在本节, 将使用嫦娥二号分层分类方法的结果, 来识别 Toutatis 的一些形貌特征. 首先, 我们将分析一些典型的 Toutatis 地物在分类图中的特征.

(1) **砾石**. Toutatis 上砾石的存在已被证实 (Huang et al., 2013; Zhu et al., 2014). 砾石的外观往往有两个特点: 迎光的亮面和背光的阴影. 具有这两种特点的子类和它们周围形貌的子类具有明显差异, 如图 4.9 (a1) 和 (a2) 所示.

(2) **撞击坑**. 此处的撞击坑仅考虑具有明显边缘, 退化不明显的碗型区域 (退化的撞击坑将在下面宏观地物部分进行讨论). 和砾石类似, 撞击坑中只有面向光的区域会被照亮, 其余的部分则是黑的阴影区域. 因此, 撞击坑内的子类也是不同的. 此外, 由于撞击坑是下陷的, 因此沿着光照方向, 它们会首先出现阴影区域, 再出现亮的光照面; 而这与砾石的光照和阴影位置正好相反. 根据撞击坑中子类的分布和碗型的形状, 撞击坑可以如图 4.9(b1) 和 (b2) 来识别.

(3) **宏观特征**. 凹陷区域和其他宏观形貌特征, 包括大尺寸退化的撞击坑, 将在本节讨论. 它们通常不能根据局部特征来识别, 而需要考虑不同子类的宏观空间分布, 如图 4.9(c1) 和 (c2).

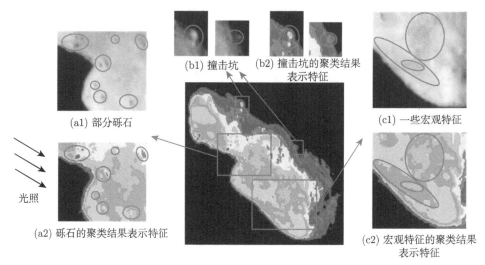

(b1) 撞击坑　(b2) 撞击坑的聚类结果
表示特征

(a1) 部分砾石

光照

(a2) 砾石的聚类结果表示特征

(c1) 一些宏观特征

(c2) 宏观特征的聚类结果
表示特征

图 4.9　一些典型地物相貌的特征

基于上述分析, 从分类图中识别出上述形貌特征, 图 4.10 中给出了一些具体影像的识别结果. 此处, (a1), (b1) 和 (c1) 是标记在不同分类图上的结果, (a2), (b2) 和 (c2) 是标记在嫦娥二号原始图上的相应结果. 在这些结果中, 砾石被标记为蓝色的方框, 撞击坑用红线标识, 其他的宏观形貌特征用黑色虚线标识. 此外, 一些潜在的撞击坑被用红色的虚线标识, 而撞击坑间的脊标记为橙色. 这些微观和宏观地物的特征讨论如下.

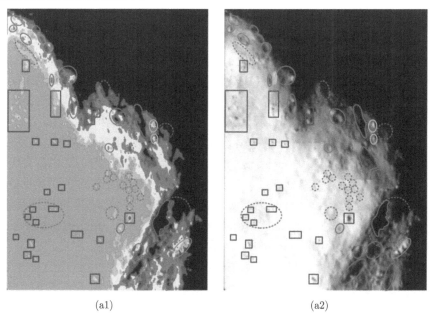

(a1)　　　　　　　　　　　　　　(a2)

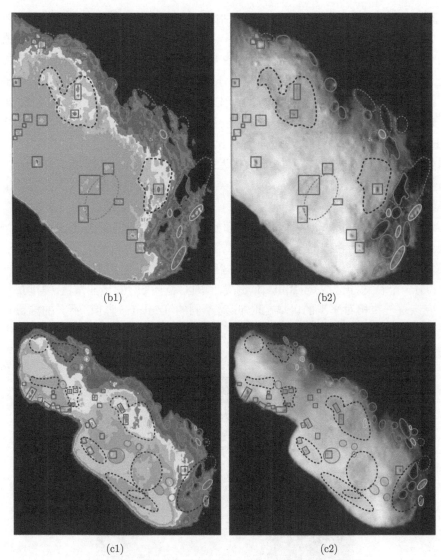

(b1)

(b2)

(c1)

(c2)

图 4.10 使用分层分类得到的 Toutatis 形貌识别结果

微观地物分析, 即砾石和撞击坑. 它们是小行星两种最典型的形貌地物, 它们也存在于 Toutatis. 从图 4.10, 我们可以看到, 嫦娥二号影像的空间分辨率越高, 能观测到的微观地物就越多. 例如, 在大瓣 "身体" 的中部, 相比于图 (b1) 和 (b2) 或 (c1) 和 (c2), 图 4.10 (a1) 和 (a2) 可以识别出更多较小的砾石. 此外, 因为大瓣 "身体" 的中部是低对比度区域, 所以 (a2) 中的这些砾石并不容易被识别. 但是, 它们可以被从 (a1) 中的分类结果中识别出来.

对于这些微观地物的分布, 砾石是较随机地分布在 Toutatis 的亮面. 与之相对, 撞击坑主要分布在侧面. 这可能是由拍摄角度造成的, 或者暗示 Toutatis 具有图 4.7 所示的两分性形貌结构. 此外, 图 4.10 中用橙色线标注了一些脊, 它们常常被两个或多个撞击坑所包围. 这表明这些脊可能是和其相邻的撞击坑一起产生的. 但是, 脊附近的撞击坑是相邻的, 且大小还常常相似. 这由外来撞击引起的可能性比较小. 也就是说, 这些脊和撞击坑的产生或许与 Toutatis 的内部活动有关.

宏观地物分析. Toutatis 最显著的宏观形貌特征是在大瓣底部的大型凹陷区域 (Huang et al., 2013). 除此之外, 在 Toutatis 亮面还识别出几个凹陷区域, 并被黑色虚线标识. 这些凹陷区域的形状近似碗型, 这表明这些区域或许由较大的撞击坑退化形成. 它们的子类常超过 3 类, 这表明它们的深度要大于微观的小型撞击坑.

对于这些子类的分布, 它们是从亮面到侧面逐步渐变的. Toutatis 的两个瓣, 头和身体, 表现出了相似的子类渐变性. 相比于两个瓣, 大瓣的大型撞击坑的子类在其边缘变化非常快, 如图 4.11 所示, 这表明此处应该是由撞击形成的一个陡峭崖壁. 另一个特殊的区域是 Toutatis 颈部. 该区域子类的变化非常慢. 因此, 颈部区域应该是一块相对平滑的区域. 此外, 对不同的 Toutatis 影像, 不同的拍摄角度可能会影响微观地物的特征, 但是却难以影响子类的宏观分布, 例如图 4.11 中大瓣的角落.

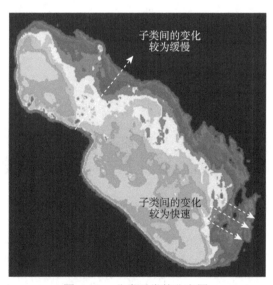

图 4.11   分类子类的分布图

为了进一步地评估本节方法在分析形貌特征时的效果, 我们使用了一个自动分析方法 (Troglio et al., 2012) 来分别地从原始影像和分类图中提取一些形貌特征, 即撞击坑和砾石. 识别结果在图 4.12 中给出. 相比于原始影像的提取结果, 仅

考虑分类图的识别结果能捕获更多的细节信息, 例如底部地物的识别. 这会得到
一些新的形貌特征的发现, 相关内容将在下段进行讨论. 这些对比结果表明, 从分
层分类图中, 我们不仅能识别出已有的形貌信息, 如 (Huang et al., 2013; Zhu et
al., 2014) 等, 还能得到一些新的发现, 特别是在低对比度区域. 这意味着分层分
类方法能辅助嫦娥二号 Toutatis 形貌的分析.

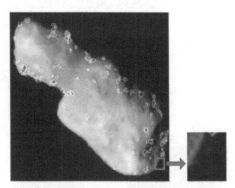
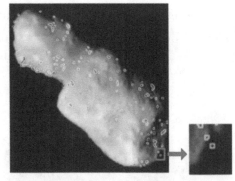

(a) 基于光学影像的识别结果   (b) 基于多层分类表示的识别结果

图 4.12   光学影像数据及其分类图的自动检测结果

我们在表 4.3 中总结了识别的微观和宏观地物, 并讨论了不同区域形貌的相
似性. 由于图 4.11 可以完整地展示 Toutatis, 并且在所有能完整展示 Toutatis 的
影像中具有最高的空间分辨率, 所以, 为了公平起见, 我们仅考虑了在这两幅图中
识别的地物.

表 4.3   图 4.11(c1) 中 Toutatis 不同区域识别出的形貌地物的统计结果

	大瓣 (身体)	小瓣 (头)	总计 (亮面 vs 侧面)
亮面	7 撞击坑, 12 砾石, 5 凹面	1 撞击坑, 12 砾石, 3 凹面	8 撞击坑, 24 砾石, 8 凹面
侧面	22 撞击坑, 5 脊, 1 凹面	11 撞击坑, 2 脊, 1 凹面	33 撞击坑, 7 脊, 2 凹面
总计 (头 vs 身体)	29 撞击坑, 12 砾石, 5 脊, 6 凹面	12 撞击坑, 12 砾石, 2 脊, 4 凹面	41 撞击坑, 24 砾石, 7 脊, 10 凹面

对于两个瓣, 由表 4.3 的统计结果可知, 它们具有相似的形貌特征, 而它们子
类的分布在图 4.11 中给出. 然而, 在 Toutatis 的亮面和侧面, 它们不仅在光谱值
上表现出明显的差异, 还在形貌地物的分布上也具有较大差别. 具体而言, 砾石和
凹陷区域主要分布在亮面, 而撞击坑和脊主要位于侧面.

一些新发现. 当我们使用分层分类方法分析 Toutatis 的形貌时, 在嫦娥二号影
像的低对比度区域有了两个新的发现. 一个是位于大瓣大型撞击坑内下方的一个有
趣的连接区域, 它在图 4.12 中标出, 并在 4.13 (a) 中再次用红色方框标识. 在这个

方框中, 我们可以看到有一个标记为蓝色子类的独立区域. 该蓝色子类是 B_2 且在图 4.8 中表示为 Toutatis 的侧面. 而这个独立区域与 Toutatis 主体的连接部分的子类标记是黑色, 它是表示背景的子类 B_3. 据此观测, 我们认为这个独立的区域应该是一个撞击坑的明亮部分, 而黑色的连接部分应该是这个撞击坑的底部. 因此, 我们从嫦娥二号影像数据中放大了这个局部区域. 从图 4.13(a) 右侧的放大图可知, 黑色的连接区域具有特殊的光谱值. 这证实了该连接区域属于 Toutatis. 然而, 这个连接区域的外表不同于整个 Toutatis 的风化层. 这与 Toutatis 的表面是由均匀的风化层构成的结论相矛盾 (Reddy et al., 2012; Zhu et al., 2014).

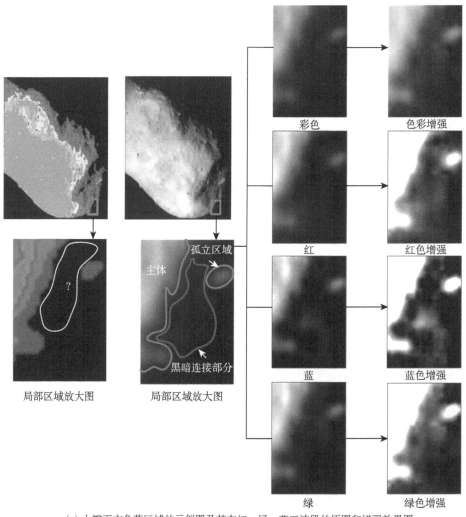

(a) 大瓣下方角落区域的示例图及其在红、绿、蓝三波段的原图和增强效果图

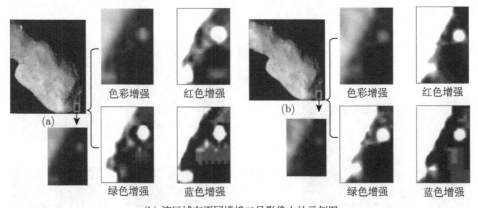

色彩增强　　　　红色增强　　　　　　　　色彩增强　　　　红色增强

绿色增强　　　　蓝色增强　　　　　　　　绿色增强　　　　蓝色增强

(b) 该区域在不同嫦娥二号影像中的示例图

图 4.13　　Toutatis 大瓣下角连接处的示意图

为了进一步地展示这个区域的光谱特征, 影像的红、绿、蓝波段都进行了局部的加强, 并在图 4.13(a) 进行了对比. 在红色波段, 这个区域在连接处的底部显示出了较高的光谱值. 在蓝色波段, 它在连接处的中部显示出了较高的光谱值. 因为大瓣的大型凹陷区域比较年轻 (Huang et al., 2013), 这个特殊的连接区域或许能展示出 Toutatis 内部的构成成分. 为了验证这个发现, 我们也在图 4.13 (b) 中检测了不同嫦娥二号影像在该特殊连接区域的光谱值, 它们从不同的角度都表明这个区域具有特殊的光谱值.

另一个发现是我们从嫦娥二号影像数据中观测到了一个类似恒星的物体. 这个物体位于影像的右上角, 如图 4.14(a) 所示, 通过增强影像可以发现这个物体的外观类似一个绿色的球体, 且该球体在系列影像中均存在, 一些例子请见图 4.14(b) 到 (e). 如果该物体确定是一恒星, 以它为不动点可以计算得到更精确的 Toutatis 轨道.

4.3.3　分层分类方法讨论

本节提出了一种分层分类的方法来分析嫦娥二号影像数据中 Toutatis 的形貌信息. 该方法的贡献主要体现在以下两点. 首先, 它提供了一种新的方法来探索嫦娥二号影像数据中低对比度区域的形貌特点. 相比于目视判读, 分层分类方法的子类给我们提供了一个小行星新的观测视角, 并在低对比度区域发现了两个新的形貌特征. 其次, 提出的方法可以在宏观与微观两个分类层面上展示 Toutatis 的形貌特征. 具体而言, 在宏观层面, Toutatis 的表面可以根据影像光谱值分为两部分, 即亮面和侧面. 撞击坑、砾石、大的凹陷区域的分布在这两部分具有明显的差异. 这或许暗示 Toutatis 基于亮面和侧面具有二分性的形貌结构. 在微观层面, 子类别的空间分布表明了两个瓣和中间连接部分的相似性. 此外, 大瓣下部发现的光谱值或许能揭示 Toutatis 内部的成分构成. 而且我们还在低对比度的深空背景中发现了一个类似恒星的对象.

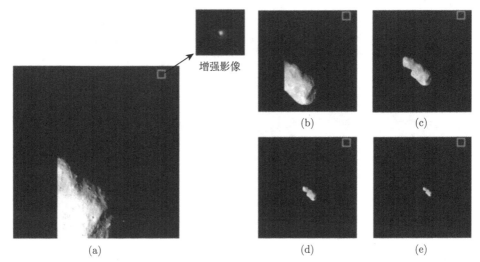

图 4.14   嫦娥二号影像中类似恒星的物体示意图

4.4   结   论

在本章中, 围绕嫦娥二号飞掠 Toutatis 小行星所获取的光学影像深空数据, 对其表面形貌特征进行了分析. 由于深空成像环境的复杂, Toutatis 光学影像表现出不同于常规影像的新特点. 本章根据 Toutatis 小行星嫦娥二号影像的特点, 首先利用梯度分析和面向对象的方法对其撞击坑、砾石等表面典型形貌单元进行了识别, 然后, 在上述工作的基础上, 进一步提出了分层分类的思路, 从聚类的视角来展示和挖掘 Toutatis 光学影像低对比度区域的形貌, 为深空遥感影像局部区域的增强和分析提供了一种新的思路.

第 5 章　基于随机场的影像低对比度区域形貌分析

在获取的深空遥感影像数据中,由于深空环境的复杂性,常常会导致光学影像数据中存在局部的低对比度区域,例如嫦娥二号获取的 Toutatis 影像数据. 而这种低对比度的区域往往难以进行目视判读. 因此,研究影像中这些低对比度区域的合理表示与形貌分析具有重要的科学意义. 本章以该问题为出发点,在第 4 章分层分类分析方法的基础上,结合随机场模型的空间描述能力,以嫦娥四号的月球着陆区月球背面南极–艾特肯 (South Pole-Aitken, SPA) 盆地内的冯·卡门撞击坑和不同小行星的光学影像数据为例,结合空间关系,从聚类的角度对影像数据和形貌特点进行了表示与分析. 实验结果表明这种方法不仅可以从聚类的视角展示影像中的低对比度区域,而且其结果还能提供新视角下的形貌分析. 本章内容结构如下: 首先,给出低对比度区域的分析方法,即基于马尔可夫随机场模型的聚类方法,然后,利用该方法对月球冯·卡门撞击坑的 LOLA (Lunar Orbiter Laser Altimeter) 高程数据、LROC(Lunar Reconnaissance Orbiter Camera) 影像数据和小行星光学深空遥感数据分别进行实例分析.

5.1　基于马尔可夫随机场模型的聚类方法

根据前面 Toutatis 影像数据的分析经验,聚类方法是对影像低对比度区域进行再表示和辅助分析形貌的一种有效方法. 但是,文献 (Zheng et al., 2016) 中的 K 均值方法是一种没有考虑空间信息的聚类方法,而深空中天体和小天体的形貌分布在影像数据中常具有显著的空间上下文关系. 为了充分地使用影像数据的空间信息、提高聚类分析的精度,本章考虑利用马尔可夫随机场模型 (Markov Random Field, MRF)(Li, 2009) 作为聚类分析的基本方法.

MRF 是一种概率图模型,因其完备的理论基础和有效的空间描述能力,近几十年来在影像数据分析中受到了广泛的关注和研究. 在 MRF 模型中,利用概率图来表示影像数据. 具体而言,假设观测的数字影像为 $Y = \{Y_s\}$,每个 Y_s 表示像素点 s 处的影像光谱值 (注: 深空遥感影像中常见的光谱波段为全色波段或 RGB 波段). 其中,$s = (x, y)$ 表示像素的空间位置,若影像大小为 $M \times N$,则所有像素的空间位置形成集合 $S = \{s | s = (x, y), 1 \leqslant x \leqslant M, 1 \leqslant y \leqslant N\}$. 若 $G = (V, E)$ 表示数字影像的概率图,则 $V = \{V_s\}$ 表示概率图中节点的集合,每个节点 V_s 表示影像的一个基本单元 (下文简称为基元). 请注意,此处每个基元不一定就表示

一个像素, 在 MRF 模型中, 一个基元既可以代表一个像素也可以代表一个区域对象, 如图 5.1 所示. 当一个基元表示一个像素时, 此时的像素级 MRF 模型具有规则的空间邻接关系; 当一个基元表示一个区域对象时, 此时的对象级 MRF 模型能描述更大范围的空间邻接关系. 另外, s 表示基元节点 V_s 的位置, 该符号与像素位置符号冲突, 由于下文主要讨论 MRF 模型的建模, 如无特别说明, 本章后续内容中的 s 皆表示概率图中基元节点的位置, $S = \{s\}$ 表示节点位置的集合. 对于概率图中的节点, 当两个节点 V_s 和 V_t 空间相邻时, 则在这两个节点间连接一条边 e_{st}, 所有边构成了概率图中边的集合 $E = \{e_{st} | s, t \in S\}$.

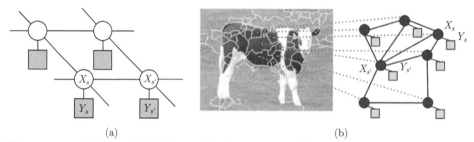

(a)　　　　　　　　　　　　　　　　(b)

图 5.1　MRF 模型在不同粒度基元下的概率图示例: (a) 像素基元下的 MRF 模型概率图;
(b) 对象基元下的 MRF 模型概率图

在 MRF 模型概率图上, 可以定义标记随机场 $X = \{X_s\}$ 来表示各节点的形貌类别标记. 其中, 每个 X_s 表示节点 s 处的类别标记, 它是一个随机变量, 且 $X_s \in \Lambda = \{1, 2, \cdots, K\}$, 其中 K 表示形貌总的类别数. 如果 x_s 是 X_s 的一个标记值, 那么 $x = \{x_s\}$ 就构成了标记随机场的一个实现. 如果影像数据的真实形貌结果对应的标记场实现是 $\hat{x}$, 那么, 形貌识别问题在 MRF 模型中就可以被转化为最优标记实现 $\hat{x}$ 的求解问题, 即

$$\hat{x} = \underset{x \in \Omega}{\mathrm{argmax}}\, P(X = x \mid Y). \tag{5.1}$$

上式中, Ω 是标记场所有可能实现的集合. 根据贝叶斯公式, 上式等价于

$$\hat{x} = \underset{x \in \Omega}{\mathrm{argmax}}\, \frac{P(Y \mid X = x)P(X = x)}{P(Y)} = \underset{x \in \Omega}{\mathrm{argmax}}\, P(Y \mid X = x)P(X = x), \tag{5.2}$$

其中, 式子中第二个等号成立的原因是由于 $P(Y)$ 是已知的观测数据, 不会影响 $\hat{x}$ 的确定. 根据上式, 为了得到 MRF 模型中的最优实现 $\hat{x}$, 需要先确定 (5.2) 式中的似然函数项 $P(Y | X = x)$ 和联合概率项 $P(X = x)$.

对于似然函数项 $P(Y|X = x)$, 它主要用来刻画在给定标记实现 $X = x$ 的条件下深空影像数据发生的概率大小. 也就是说, 该项主要用于刻画在各节点地形地貌类别已知的条件下, 对应数据的观测特征发生的概率大小, 是描述不同节点特征属性的项. 为了计算的简便, 在 MRF 模型中往往假设在给定了 $X = x$ 的条件下, 似然函数中各节点间的特征是相互独立的, 即

$$P(Y|X = x) = \prod_{s \in S} P(Y_s|X_s = x_s). \tag{5.3}$$

在该假设下, 只需确定各节点处的似然函数即可. 在本章实验中, 考虑到深空遥感影像数据中的观测值都近似服从正态分布, 因此, 采用高斯分布来定义 $P(Y_s|X_s = x_s)$, 即在 $x_s = k \in \Lambda$ 的条件下,

$$P(Y_s|X_s = k) = (2\pi)^{-n/2} |\Sigma_k|^{-1/2} \exp\left[-\frac{1}{2}(Y_s - \mu_k)^{\mathrm{T}} \Sigma_k^{-1}(Y_s - \mu_k)\right], \tag{5.4}$$

其中 n 是观测影像数据的特征维数, 参数 μ_k 和 Σ_k 是第 k 类高斯分布的均值和方差, $k = 1, 2, \cdots, K$.

对于联合概率项 $P(X = x)$, 它主要用于描述各节点间的空间关系. 具体而言, MRF 模型假设标记随机场具有空间马氏性, 即

$$P(X_s|X_t, t \in S/s) = P(X_s|X_t, t \in N_s), \tag{5.5}$$

其中 N_s 表示与节点 s 空间相邻的节点集合. 利用空间马氏性, 联合概率项可以建立和刻画各节点与其空间相邻节点间的关系. 而由 Hammersley-Clifford 定理可知 (Li, 2009), 具有马氏性的随机场也必然服从 Gibbs 分布, 对应的联合概率可以表示如下

$$P(X = x) = \frac{1}{Z} \exp(-U(x)), \tag{5.6}$$

其中 $U(x) = \sum_{c \in C} V_c(x)$ 是标记实现 x 的能量函数, $Z = \sum_{x \in \Omega} \exp(-U(x))$ 则是归一化的常数. 这里 $V_c(x)$ 表示势团 c 上的势函数. 通过定义 $V_c(x)$, 就可以确定 Gibbs 的分布形式, 进而实现刻画像素间空间关系的目的. 在本章中, 为了降低计算量, 我们只考虑了二阶的势团, 对任一节点 s 处的标记 x_s, 利用多层逻辑模型 (Derin and Cole, 1986; Derin and Elliott, 1987) 来定义其二阶势函数 $V_c(x_s)$:

$$V_c(x_s) = \begin{cases} -\beta, & x_s = x_t, \\ \beta, & x_s \neq x_t, \end{cases} \tag{5.7}$$

其中, β 为势参数, $t \in N_s$, 此时的二阶势团为 (s,t). 再根据马氏性可知

$$P(X = x) = \prod_{s \in S} P(X_s = x_s | X_{N_s} = x_{N_s})$$

$$= \prod_{s \in S} \frac{\exp\left(-\left(\sum_{c=(s,t),t \in N_s} V_c(x_s)\right)\right)}{\sum_{x_s \in \Lambda} \exp\left(-\left(\sum_{c=(s,t),t \in N_s} V_c(x_s)\right)\right)}. \tag{5.8}$$

在确定了似然函数项 $P(Y | X = x)$ 和联合概率项 $P(X = x)$ 之后, 可以通过贪婪式的局部最优算法 (Besag, 1987) 来逐像素的更新 (5.2) 中的标记实现, 并得到最终的聚类结果, 即

$$\hat{x}_s = \underset{x_s \in \Lambda}{\arg\max}\, P(X_s = x_s | Y_s)$$

$$= \underset{x_s \in \Lambda}{\arg\max}\, P(Y_s | X_s = x_s) P(X_s = x_s | X_{N_s} = x_{N_s}), \tag{5.9}$$

具体算法如下. 其中, 公式 (5.4) 中似然函数项的参数可以利用 EM(Expectation-Maximum) 算法 (Dempster et al., 1977) 估计如下:

$$\mu_k = \frac{\sum_{s \in S,\, x_s = k} Y_s}{|x_s = k|}, \quad \Sigma_k = \frac{\sum_{s \in S,\, x_s = k} (Y_s - \mu_k)^{\mathrm{T}}(Y_s - \mu_k)}{|x_s = k|}, \tag{5.10}$$

其中, $|x_s = k|$ 表示类别 k 中包含像素点的数目.

MRF 算法

输入: 聚类的类别总数 K, 势参数 β.

输出: MRF 聚类结果

　　1) 利用 K 均值聚类算法 (Jain et al., 1999) 得到初始的标记实现 $\hat{x}^{(0)}$;

　　2) 令 $t = 0$;

　　3) 根据公式 (5.9), 以及第 t 步获得的标记实现 $\hat{x}^{(t)}$, 更新 (5.4) 式的参数 $\mu_k^{(t)}$ 和 $\Sigma_k^{(t)}$, 并更新对应的似然函数项 $P(Y_s | X_s = k)$, $s \in S$, $k = 1,2,\cdots,K$;

　　4) 根据 (5.7), (5.8) 和 $\hat{x}^{(t)}$, 更新 (5.9) 式中标记联合概率 $P(X_s = x_s | X_{N_s} = x_{N_s})$;

　　5) 根据公式 (5.9) 和最大后验概率准则, 逐步更新各像 s 处的标记 $\hat{x}^{(t+1)}$, $s \in S$;

　　6) 更新当前步中的标记, 实现 $\hat{x}^{(t+1)} = \{\hat{x}_s^{(t+1)}\}$, 如果 $\hat{x}^{(t)} = \hat{x}^{(t+1)}$, 则输出 $\hat{x}^{(t+1)}$ 作为聚类结果; 否则, 令 $t = t+1$, 返回步骤 3).

　　上述算法的 MATLAB 代码实现如下:

```
function f=Icm(y,k,beta)
% 输入：y是观测影像，k是总的类别数，beta是势参数；输出：f，MRF模型的
   聚类结果
[m,n,np]=size(y);
yy=three22(y);
%% 初始化
rng('default');
ini_k=kmeans(yy,k);
pos_labels=reshape(ini_k,m,n);
pri_labels=zeros(m,n);
%% 迭代
ite=0;
error=sum(sum(abs(pri_labels-pos_labels)));
while error>0 && ite<5
    ite=ite+1;
    pri_labels=pos_labels;
    mu = zeros(k, np);
    sigma = zeros(np,np,k);
    for i = 1:k
        Im_i = yy(pri_labels == i,:);
        [sigma(:,:,i),mu(i,:)] = covmatrix(Im_i);
    end
    E_ob=zeros(m*n,k);
    labels_nei=NeiX(pri_labels);
    nein=three22(labels_nei);
    E_labels=zeros(m*n,k);
    for i = 1:k
        mu_i = mu(i,:);
        sigma_i = sigma(:,:,i);
        diff_i = yy - repmat(mu_i,[n*m,1]);
        E_ob(:,i) = sum(diff_i * inv(sigma_i) .* diff_i, 2) + log(det
            (sigma_i));
        E_labels(:,i)=2*sum(nein~=i,2)-8;
end
    E_total=E_ob+beta*E_labels;
    [temp, pos_labels]=min(E_total,[],2);
    pos_labels=reshape(pos_labels,m,n);
    error=sum(sum(abs(pri_labels-pos_labels)));
    end
    f=pos_labels;
```

在上述主代码中, 部分子函数 three22, covmatrix, NeiX 的代码分别为

```matlab
function y=three22(f)
f=double(f);
[m,n,np]=size(f);
y=zeros(m*n,np);
for i=1:np
    temp=f(:,:,i);
    y(:,i)=temp(:);
end
```

```matlab
function [C, m] = covmatrix(X)
%   COVMATRIX Computes the covariance matrix of a vector population.
%   [C, M] = COVMATRIX(X) computes the covariance matrix C and the
%   mean vector M of a vector population organized as the rows of
%   matrix X. C is of size N-by-N and M is of size N-by-1, where N
is
%   the dimension of the vectors (the number of columns of X).
%   Copyright 2002-2004 R. C. Gonzalez, R. E. Woods, & S. L. Eddins
%   Digital Image Processing Using MATLAB, Prentice-Hall, 2004
%   $Revision: 1.4 $  $Date: 2003/05/19 12:09:06 $
[K, n] = size(X);
X = double(X);
if  K == 1
    C = 0;
    m = X;
else
    m = sum(X, 1)/K;
    X = X - m(ones(K, 1), :);
    C = (X'*X)/(K - 1);
    m = m';
end
```

```matlab
function XN=NeiX(X)
[s,t,K]=size(X);
Xul=zeros(s,t,K);
Xul(2:s,2:t,:)=X(1:s-1,1:t-1,:);
Xu=zeros(s,t,K);%upper
Xu(2:s,:,:)=X(1:s-1,:,:);
Xur=zeros(s,t,K);%upper-right
Xur(2:s,1:t-1,:)=X(1:s-1,2:t,:);
Xr=zeros(s,t,K);%right
```

```
Xr(:,1:t-1,:)=X(:,2:t,:);
Xdr=zeros(s,t,K);%down-right
Xdr(1:s-1,1:t-1,:)=X(2:s,2:t,:);
Xd=zeros(s,t,K);%down
Xd(1:s-1,:,:)=X(2:s,:,:);
Xdl=zeros(s,t,K);%down-left
Xdl(1:s-1,2:t,:)=X(2:s,1:t-1,:);
Xl=zeros(s,t,K);%left
Xl(:,2:t,:)=X(:,1:t-1,:);
XN=cat(3,Xul,Xu,Xur,Xr,Xdr,Xd,Xdl,Xl);
```

根据上述 MRF 模型的聚类方法, 以其替代 4.3.1 节中的 K 均值算法, 作为分层分类分析方法中的基本聚类方法, 可以将 MRF 模型的空间上下文建模能力与分层分类分析方法中局部低对比度区域的增强相结合. 本章后续内容将以该方法为工具, 对月球、小天体等不同对象的形貌进行判断和识别.

5.2 冯·卡门撞击坑形貌分析

月球, 作为距离人类最近的天体, 从古至今受到了国内外无数学者和天文爱好者的持续关注和研究. 我国深空探测领域的第一步也将目标瞄准了月球, 制定并开展了以 "绕、落、回" 为目标的 "嫦娥" 系列探月工程. 其中, 嫦娥三号玉兔着陆器在月球虹湾地区的顺利着陆, 使我国成为世界上第三个成功实施了月球软着陆的国家 (Li et al., 2017; Sun et al., 2013).

在月球的背面, 分布有大量的高原和山峰, 以及大量的撞击坑和盆地, 例如南极–艾特肯 (South Pole-Aitken, SPA) 盆地就是月球最大和最古老的撞击坑之一. 其与月球正面的地形地貌有着显著的差别. 因此, 在月球背面着陆具有重大的科学意义: ①月球背面可以屏蔽地球发射的无线电波, 在背面着陆可以成为宇宙无线电频谱检测的最佳场所. ②月球很多的原始信息隐藏在最大、最深和最年长的 SPA 盆地中, 对研究月球深层的历史, 演变和组成至关重要. 但是, 月球背面复杂的地貌和通信的不便使得月球背面着陆的工程实现难度很大. 因此, 人类在月球上成功着陆的探测器基本都位于正面, 还没有在月球背面成功着陆的先例. 自 2014 年以来, 中国探月与航天工程中心经多方论证, 确定了嫦娥四号着陆月球背面这一任务目标和相应的技术方案 (Wu et al., 2017; Ye et al., 2017), 并于 2018 年 12 月 8 日发射升空, 于 2019 年 1 月 3 日在 SPA 盆地的冯·卡门撞击坑成功着陆. 在嫦娥四号初期选定着陆区域时, SPA 盆地内的冯·卡门撞击坑虽然能有效地揭开古老月背的神秘面纱, 但是该区域属于高地地形 (Li et al., 2017), 几乎没有大面积的平坦区域, 给嫦娥四号着陆器的着陆带来了极大的困难.

因此, 着陆区域的形貌分析是着陆任务的一个重要环节, 其能够为着陆任务提供辅助的技术支持. 本节以嫦娥四号选取的冯·卡门撞击坑区域为例, 以该区域的 LOLA (Lunar Orbiter Laser Altimeter) 高程数据和 LROC(Lunar Reconnaissance Orbiter Camera) 影像数据作为多源数据, 进行了 MRF 模型的聚类, 并从聚类的角度表示了影像中低对比度的区域、分析了撞击坑内的形貌特点.

5.2.1   实验数据

为了分析冯·卡门撞击坑区域的形貌, 本节采用了在 40°S—48°S, 172°E—180°—178° W 范围内的 LOLA 高程 DEM 数据 (Smith et al., 2010) 和 LROC 的高分辨率影像数据 (Robinson et al., 2010)(图 5.2).

冯·卡门撞击坑是 SPA 盆地内的典型地貌类型, 从图 5.2(a) 可以看出, 其内部和周边撞击坑都有较深的深度, 这便于探索月球内部物质成分与组成. 同时, 该区域内部的物质成分具有代表性 (Peterson et al., 2000, 2002), 对研究月壳活动、内部火山活动和演变历史等具有重要的意义. 从图 5.2(b) 则可知, 该撞击坑位于月球背面, 利于宇宙无线电频谱的检测. 所以, 该区域满足前文关于月球背面着陆的科学研究需求. 为了进一步量化该区域的影像数据, 图 5.3 分别展示了 LOLA 和 LROC 数据的直方图. 从高程数据 LOLA 可以看出 (图 5.3(a)), 冯·卡门撞击坑的深度主要位于 −1km 至 −6km 之间, 而且坑内除了中上部的一个凸峰外, 高程变化相对较平缓、起伏较小. 而高分辨率影像数据 LROC 的直方图 (图 5.3 (b)) 则呈现出近似高斯分布的特点, 峰值点位于 80 左右, 这也进一步说明此处是一个整体较为平坦的区域, 有利于嫦娥四号的着陆. 但是, 从

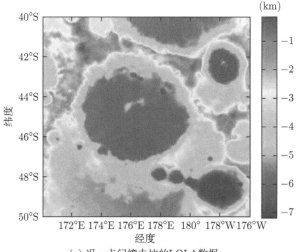

(a) 冯·卡门撞击坑的LOLA数据

(b) 冯·卡门撞击坑的LROC数据

图 5.2 冯·卡门撞击坑的实验数据

图 5.2(b) 可以看到, 冯·卡门区域内部仍存在着大量的局部中小型环状撞击坑, 在图 5.3 中也反映为异常的局部峰值点 (在图 5.3 中已用红色线框标注). 这些中小型撞击坑的存在, 对嫦娥四号的着陆会造成潜在的威胁, 因此有必要先判读分析这些局部地形地貌. 但是, 由于 LOLA 和 LROC 的影像数据值相对集中, 局部地形的变化较小. 这种影像的低对比度区域使得人工难以从图 5.2 中直接判读出相关结果, 对冯·卡门撞击坑内部形貌的分析精度造成影响.

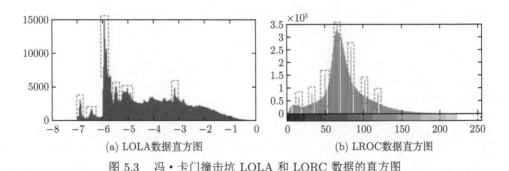

(a) LOLA数据直方图   (b) LROC数据直方图

图 5.3 冯·卡门撞击坑 LOLA 和 LORC 数据的直方图

5.2.2 实验结果

为了提高冯·卡门撞击坑内低对比度区域的可读性, 辅助分析该区域的形貌特点. 本节利用上述的 MRF 模型, 对 LROC 影像数据和 LOLA 高程数据进行了

分层分析. 其中, 本节实验中 MRF 模型使用的空间邻域集合是 8 邻域, 模型的势
参数 β 取值 0.5, 具体的结果如下.

● LROC 实验结果

对于 LROC 高分辨率影像数据, 由于图 5.3 的直方图中显示其具有一个波峰
和两侧的尾, 所以我们首先在类别数 $K=3$ 的条件下进行第一层次 MRF 模型的
聚类分析, 结果如图 5.4(a) 所示. 从该结果可以看出, 在 $K=3$ 的条件下得到的 3
种类别分别为: 向光区域 (靓色)、相对较平坦的区域 (橙色) 和阴影区域 (蓝色).
这三种类别在数值上分别对应了 LROC 数据在图 5.3(b) 中的一个峰值和两个峰
尾. 其中, 较平坦区域的光谱值位于峰值 80 左右, 向光区域对应取值较大的右侧
峰尾, 而阴影区域则是取值较小的左侧峰尾. 各类别具体的取值分布和对应的区
域在图 5.4(b) 具体给出.

```
y=imread('lunar_LROC.bmp') %输入测试的LROC影像数据
f=Icm(y,3,0.5); % 利用上面的MRF模型方法对该数据进行第一层3个类别的聚
    类分析
```

由于撞击坑的内部和边缘在光照下表现出明显的向光和阴影特点, 因此根据
图 5.4 中向光区域和阴影区域的空间相邻关系, 以及对应的形状特征, 可以快速地
识别出冯·卡门撞击坑内这些局部的撞击坑. 然而, 因为类别的总数目相对较小,
一些更细节的形貌信息难以在图 5.4 中得到展现.

为了进一步地凸显冯·卡门撞击坑内的形貌细节, 在第一层分类结果的基础
上进行了第二层的分层分类分析. 在进行第二层细分时, 相应的 MRF 模型聚类
代码为:

```
function f=MRF_second_cluster(y,f_ini,class_k,k,beta)
% y 为观测影像, f_ini为第一层的聚类结果, class_k为需要细分的第一层的
    类别, k为第一层选定的类别class_k需要进一步细分的子类数目, beta
    为势函数; 输出f为第一层选定类别class_k的第二层细分结果
ff=zeros(size(f_ini));
ff(f_ini==class_k)=1;
ff2=three22(ff);
[m,n,np]=size(y);
yy=three22(y);
yy_data=yy(ff2==1);
rng('default');
ini_k=kmeans(yy_data,k);
ff_ini=zeros(size(ff2));
ff_ini(ff2==1)=ini_k;
pos_labels=reshape(ff_ini,m,n);
```

```
pri_labels=zeros(m,n);
%% 迭代
ite=0;
error=sum(sum(abs(pri_labels-pos_labels)));
while error>0 && ite<5
```

(a) 第一层 $K=3$ 的聚类结果

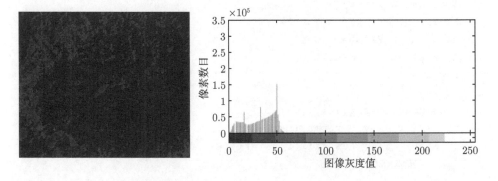

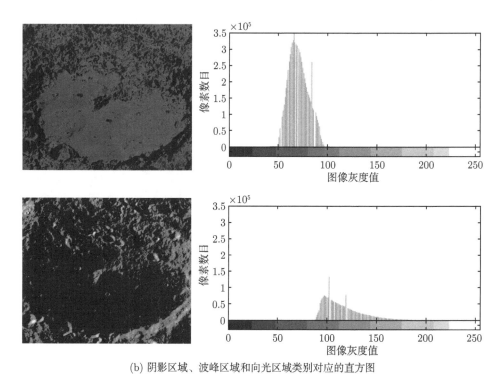

(b) 阴影区域、波峰区域和向光区域类别对应的直方图

图 5.4　LROC 影像数据 K =3 时的聚类结果和对应各类别的局部图与直方图

```
ite=ite+1;
pri_labels=pos_labels;
mu = zeros(k, np);
sigma = zeros(np,np,k);
for i = 1:k
    Im_i = yy(pri_labels == i,:);
    [sigma(:,:,i),mu(i,:)] = covmatrix(Im_i);
end
E_ob=zeros(m*n,k);
labels_nei=NeiX(pri_labels);
nein=three22(labels_nei);
E_labels=zeros(m*n,k);
for i = 1:k
    mu_i = mu(i,:);
    sigma_i = sigma(:,:,i);
    diff_i = yy - repmat(mu_i,[n*m,1]);
    E_ob(:,i) = sum(diff_i * inv(sigma_i) .* diff_i, 2) + log(det
        (sigma_i));
```

```
        E_labels(:,i)=2*sum(nein~=i,2)-8-sum(nein==0,2); % 第二层聚类
            时，与第一层聚类在二阶势函数是不同的
    end
     E_total=E_ob+beta*E_labels;
     [~, pos_labels]=min(E_total,[],2);
     pos_labels=reshape(pos_labels,m,n);
     pos_labels=pos_labels.*ff;
     error=sum(sum(abs(pri_labels-pos_labels)));
end
f=pos_labels;
```

　　在该示例中, 第一层分类的阴影区域类别中, 其直方图在 20 左右存在一个波谷, 因此考虑进一步将该类细分为 2 个小类; 而第一层的波峰区域类型中, 波峰及其两侧构成了 3 个小的区间; 明亮区域的类别中 100 附近的峰值与 150 左右的尾部数据也可以细分为 2 个小类. 基于上述分析, 在第二层的细分类中, 各自类别分别进一步利用 MRF 模型分为 2 类、3 类和 2 类, 相应的 MRF 分层聚类代码如下, 其结果如图 5.5 所示.

```
f2_1= MRF_second_cluster (y,f,1,2,0.5); % 根据第一层MRF模型的聚类结
    果，对阴影区域进行第二层的细分
f2_2= MRF_second_cluster (y,f,2,3,0.5); % 根据第一层MRF模型的聚类结
    果，对波峰区域进行第二层的细分
f2_3= MRF_second_cluster (y,f,3,2,0.5); % 根据第一层MRF模型的聚类结
    果，对向光区域进行第二层的细分
```

　　在新的聚类结果中, 向光区域类别被细分为两种不同光照程度的类别 (靓色和黄色, 其光谱值依次降低), 波峰区域被分为了绿色、橙色和粉色所对应的三个类别, 而阴影区域也被细分为了紫色和蓝色两种. 相比于第一层 $K = 3$ 时的聚类结果, 此时每种类别的光谱取值更集中, 每类类内的方差更小, 且每类的取值主要位于前面图 5.3 中标注的局部峰值点附近, 如表 5.2 所示. 表 5.1 同时给出了 $K = 3$ 时的定量指标, 进一步验证了上面的论述. 随着类别的细化, 图 5.5 可以展现出冯·卡门撞击坑内不同类型的局部中小型撞击坑的差异.

表 5.1   第一层 $K = 3$ 时影像各类别的定量指标

	最小值	最大值	均值	标准差
$k = 1$	1	67	33.4038	14.8539
$k = 2$	42	102	70.9070	9.7550
$k = 3$	72	255	118.8720	23.6514

表 5.2   第二层 $K = 7$ 时影像各类别的定量指标

	最小值	最大值	均值	标准差
$k = 1$	1	37	17.4023	8.1097
$k = 2$	24	67	43.8681	6.7060
$k = 3$	42	69	60.0537	3.2341
$k = 4$	60	80	69.6141	3.6300
$k = 5$	71	102	83.3232	5.1681
$k = 6$	72	138	107.2080	9.8465
$k = 7$	79	255	149.6814	21.7322

第二层$K=7$的聚类结果

图 5.5   LROC 影像数据第二层聚类 $K = 7$ 时的结果

结合图 5.4 和图 5.5 的聚类结果, 冯·卡门撞击坑的内部形貌, 尤其是局部的中小型撞击坑, 从聚类的角度进行分析, 可以大致地分为 4 种不同的类型: 大型、中型、小型和长型撞击坑, 如图 5.6 所示. 这四种类型的撞击坑在聚类结果中的具体特点如下: 大型撞击坑的面积较大, 在第一层 $K = 3$ 的聚类结果中会从左至右地出现两次向光和阴影类别的交替, 它们分别对应了坑边缘与内部的向光与背光区域; 而在第二层 $K = 7$ 的聚类结果中, 因为较大的面积, 所以光照的强度是渐变的, 这会对应多种类别的结果, 如图 5.6(a) 的示例中就含有三种向光的类别和两种阴影类别. 中型撞击坑的边缘一般不太明显, 在第一层 $K = 3$ 的聚类结果中, 主要表现为坑内向光与阴影类别的一次光照变化, 而其在第二层 $K = 7$ 中对应的类别数也会相应减少, 如图 5.6(c) 所示. 对于小型或微型撞击坑, 由于其深度和直径都比较小, 所以在第一层 $K = 3$ 的聚类结果中仅表现为一个近似椭圆型的阴影区域, 而在第二层 $K = 7$ 的结果中对应的类别数一般也不超过两类, 如图 5.6(b) 所示. 除了上述根据半径大小来区分的撞击坑外, 还有一类撞击坑, 本书将其称为长型撞击坑. 这种类型撞击坑最显著的特点就是它们的形状不是环形或近似环形的, 而是呈长条型, 如图 5.6(d) 所示. 而在坑内部的聚类类别变化, 则类似于中型撞击坑, 也就是说在第一层 $K = 3$ 的聚类结果中有一次向光和阴影类别的变化, 而在第二层 $K = 7$ 的聚类结果中有 3 至 5 种类别相对应.

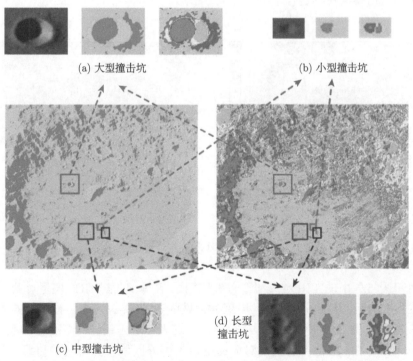

(a) 大型撞击坑   (b) 小型撞击坑

(d) 长型撞击坑

(c) 中型撞击坑

图 5.6   不同类型撞击坑在第一层 $K = 3$ 和第二层 $K = 7$ 时的特征

根据上述结果, 冯·卡门撞击坑内的典型形貌单元结果统计如表 5.3 所示, 其中大型撞击坑数目较少, 中型和长型撞击坑数目略多于大型撞击坑, 而小型撞击坑数目则众多, 根据相关程序的自动统计结果, 其数目约为 3994, 因程序统计可能存在一定误差, 所以表中记录为 4000 个.

表 5.3　冯·卡门撞击坑内各典型形貌的统计结果

	大型撞击坑	中型撞击坑	小型撞击坑	长型撞击坑
数目	5	43	约 4000	10

● LOLA 实验结果

相比于 LORC 高空间分辨率影像数据, 由于冯·卡门撞击坑内部较为平坦, 整体起伏小, 且高程数据的空间分辨率较低, 所以 LOLA 高程数据在该区域的数据差值进一步减少, 在目视判读中低对比度现象更加明显, 如图 5.7(a) 和 (b) 所示. 从该图可以发现, 除了撞击坑中部偏上的中央峰外, 一些在 LORC 中易于识别的大型、中型撞击坑也难以在 LOLA 高程数据中得到表示, 这进一步地加大了人工识别的难度. 为了提高 LOLA 数据中低对比度区域的可读性, 我们在本节也采用了 MRF 模型对其进行了分层分类分析.

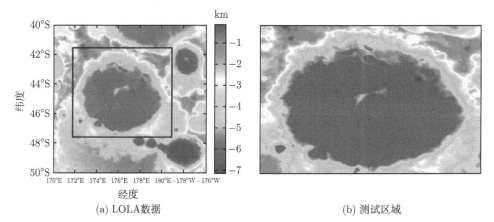

(a) LOLA数据　　　　　　　　　　　　　　　　　　　(b) 测试区域

图 5.7　LOLA 高程数据

对于图 5.7 中的 LROA 数据, 首先采用了 $K = 4$ 的 MRF 模型对其进行第一层的聚类分析, 从图 5.8 的第一层聚类结果可以发现, 冯·卡门撞击坑的内部除了中央峰之外, 都被判断为同一类别的结果, 这表明坑内整体的高度起伏不大. 同时, 第一层聚类中其他类别主要对应的是撞击坑外区域和撞击坑的边缘, 它们之间的高度存在较为明显的差别. 整体而言, 第一层聚类的结果与人类目视判读的结果较为接近, 对整个区域的高程数据是一种较为宏观的展示.

为了进一步关注和凸显撞击坑内部高程的细微变化, 在第二层聚类中, 将第一层表示坑内的类别进一步细分为了 10 个小类, 撞击坑内侧边缘的区域被细分为了 4 类, 其结果如图 5.7(b) 所示. 请注意, 在 LROA 的分层聚类过程中, 由于关注的区域主要是撞击坑内部区域, 所以对第一层聚类结果中坑外区域与坑边缘的外侧类别没有进一步地进行第二层的细分, 这不仅能提高计算的效率, 而且还可以更关注重点区域的变化与表示. 根据第二层细分的聚类结果, 可以发现坑内高程的细微变化情况. 具体而言, 如图 5.9 所示, 坑内部的高度首先可分为三个大的区域 (左侧红框、右下侧红框和右上侧蓝框). 其中, 右上侧蓝框内的高程变化较为明显, 没有大面积的平坦区域, 这和图 5.5 中对应区域类别的频繁交替变化是相呼应的. 而两个红色框区域分别和图 5.5 中橙色和粉色区域相对应, 它们都对应着较大区域的平坦区域, 特别是右下侧的红框区域, 面积较大适宜着陆, 尤其是其中绿色区域的位置, 不仅位于该区域较为中心的地带, 而且周边的形貌也非常适合后续科学任务的展开. 事实上, 嫦娥四号最终的软着陆区域即为该区域, 经国际天文学联合会 (IAU) 批准, 着陆点被命名为天河基地; 着陆点周围呈三角形排列的三个环形坑, 分别命名为织女、河鼓和天津; 而冯·卡门撞击坑的中央峰则被命名为泰山, 如图 5.10 所示.

图 5.8 LOLA 高程数据分层聚类结果

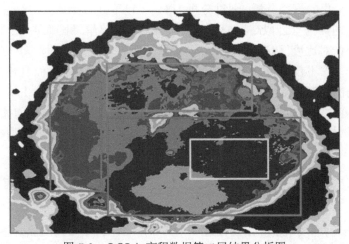

图 5.9 LOLA 高程数据第二层结果分析图

图 5.10　嫦娥四号着陆区地理实体命名影像图

5.2.3　结论分析

本节将分层分类分析方法和 MRF 模型相结合, 并应用于月球背面南极 SPA 盆地中冯·卡门撞击坑的形貌分析, 并对该区域 LROC 影像数据和 LOLA 高程数据进行了分层的聚类分析. 通过分析, 得到了以下几点有意义的结论: ①冯·卡门撞击坑内的数据呈近似高斯分布. ②从聚类的角度解译影像数据, 可以提高原观测数据中低对比度区域的可读性, 而根据需要可以有选择地对第一层的某些类别进行细分. 这不仅可以从宏微观两个角度来分析影像数据, 而且还能够凸显某些具体类别的细节形貌信息. ③ 根据分析结果可知, 冯·卡门撞击坑内部整体较为平坦, 只在中上部存有一个凸峰; 但是却遍布了大量的局部中小型撞击坑, 这些撞击坑根据大小和聚类特点的不同, 可以大致分为大型、中型、小型和长型这四种类型.

5.3　小天体形貌分析

小天体在太阳系形成初期就已存在, 其保留着一些太阳系的原始物质信息, 通过对小天体的研究, 可以了解太阳系早期的环境. 同时, 部分小天体上存在着多种人类所需要的资源, 如果小天体的一些资源能为人类所开发利用, 将有重大意义. 此外, 一些近地小行星有撞击地球的风险, 深入探测近地小行星的运行轨迹, 长久监测近地小行星, 对潜在的撞击进行评测和预防具有十分重要的科学意义和实际价值. 因此, 各国对小天体的探索和研究也越发重视, 越来越多的深空探测器对小天体进行了飞掠、着陆, 目前一些小天体主要的深空探测器和探测任务如表 5.4 所示.

表 5.4   一些小天体的深空探测

年份	深空探测器	小天体	探测任务
1991	Galileo 探测器	Gaspra	第一次对小行星近距离观测
1993	Galileo 探测器	Ida	第二次对小行星近距离观测
1997	NEAR	Mathilde	近距离观测
1999	深空一号探测器	Braille	近距离观测
2000	NEAR	Eros	获得 Eros 的物理和地质特性, 利用拍摄到的影像分析其表面撞击坑
2003	"隼鸟号" 探测器	Itokawa	实现小行星首次采样返回任务
2007	黎明号探测器	Vesta	测量 Vesta 的质量、形状等特征并对内部结构进行研究
2008	Rosetla 探测器	Steins	物理和地质特性研究
2010	Rosetla 探测器	Lutetid	物理和地质特性研究
2012	嫦娥二号探测器	Toutatis	中国首次小行星飞掠
2014	"Rosetta 号" 探测器	Churyumov-Gerasimenko 彗星	探索太阳系起源之谜及彗星物质基础
2018	"隼鸟 2 号" 探测器	Ryugu	携带样本并返回地球
2018	OSIRIS-REx	Bennu	已完成对 Bennu 的采样

在诸多小天体的探测任务中, 人类获得了相当数量的小天体摄影测量数据, 尤其是近距离的光学影像数据. 但是, 深空复杂的成像环境使得小天体的光学影像数据存在着大量的低对比度区域, 如图 5.11 所示, 这给小天体的形貌判读带来了困难. 因此, 本节将继续利用本章的 MRF 模型下分层分类分析方法, 对小天体的形貌进行聚类分析与判读.

Gaspra   Ida   Toutatis

Itokawa　　　　　　　　Ryugu　　　　　　　　Bennu

图 5.11　CNSA、NASA、JAXA 探测过的 6 个小天体 (CNSA 即 China National Space Administration)

5.3.1　实验分析

在本节, 将利用基于 MRF 模型的分层分类方法, 对不同小天体的光学影像数据从聚类的角度进行形貌的分析和判读.

● Ryugu 光学影像形貌分析

对日本宇宙航空研究开发机构 (JAXA) 发布的 Ryugu(中文名为龙宫) 小行星光学影像, 利用 MRF 模型下的分层分类方法进行分析. 和前面月球撞击坑形貌识别类似, 首先, 图 5.12 给出了龙宫的影像数据和其直方图分布. 从直方图可以看出, 龙宫光学影像整体存在 3 个大的区域: 深空背景、载荷正面照射亮度较强的龙宫区域和侧面照射亮度较弱的区域. 因此, 在第一个大尺度层面将其聚类为 3 种不同类别, 代码如下:

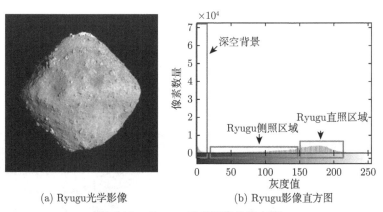

(a) Ryugu光学影像　　　　　　(b) Ryugu影像直方图

图 5.12　Ryugu 光学影像的直方图

```
y=imread('Ryugu.jpg') %输入测试的龙宫光学影像数据
f=Icm(y,3,1); % 利用上面的MRF模型方法对该数据进行第一层3个类别的聚类
    分析
```

由于深空背景对后续龙宫小天体的形貌分析没有实质影响, 因此在第二层细化聚类的过程中, 仅仅考虑对第一层中龙宫的直照和侧照区域进行细分, 每类分别进一步细分为 3 个子类, 代码如下, 结果如图 5.13 所示.

```
f2_2= MRF_second_cluster (y,f,2,3,0.5); % 根据第一层MRF模型的聚类结
    果，对侧照区域进行第二层的细分
f2_3= MRF_second_cluster (y,f,3,3,0.5); % 根据第一层MRF模型的聚类结
    果，对直照区域进行第二层的细分
```

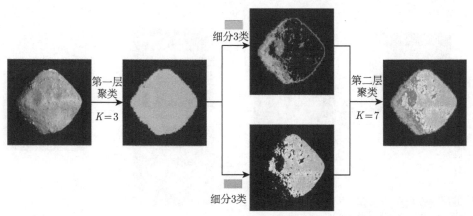

图 5.13 Ryugu 光学影像 MRF 模型两层聚类结果

事实上, 对于获取的小行星光学影像数据, 由于拍摄的条件相似, 因此其直方图的分布大体相当, 基本都呈现出深空背景、小天体拍摄时光线较为充足的区域和光照较弱的区域三个大的部分. 因此, 都可以在第一个层面利用 MRF 模型进行 3 层聚类. 同时, 由于关注的重点在于小天体自身的形貌, 因此可以在第一层聚类的基础上, 对小天体光照区域充足和较弱的区域进行进一步的细分, 一般每个大类细分为 3 类就足以进行后续的形貌分析. 请注意, 如果细分类别过少, 一些形貌单元在光学数据中的变化和区别往往就难以体现. 本节以 101955 Bennu、951 Gaspra、243 Ida 为例, 以上述手段进行了分析, 其结果如图 5.14 所示.

需要注意的是, 在深空数据分析的过程中, 深空背景并不一定都是深邃的单纯的黑暗, 有时一些其他的小天体或物质也有可能被同时拍摄到, 但是由于其距离较远, 成像的数据往往表现为低对比度区域, 且面积较小, 不利于人眼识别. 此时, 应该关注深空背景大类是否可以进一步细分或者深空背景中是否存在点状的其他聚类类别. 例如, 在图 5.14 (c) 中, Ida 的右侧就存在一个较为明显的小天体, 它就是 Ida 的天然卫星. 该小天体在 1994 年被命名为 Dacty1, 被标示为 (243) Ida I.

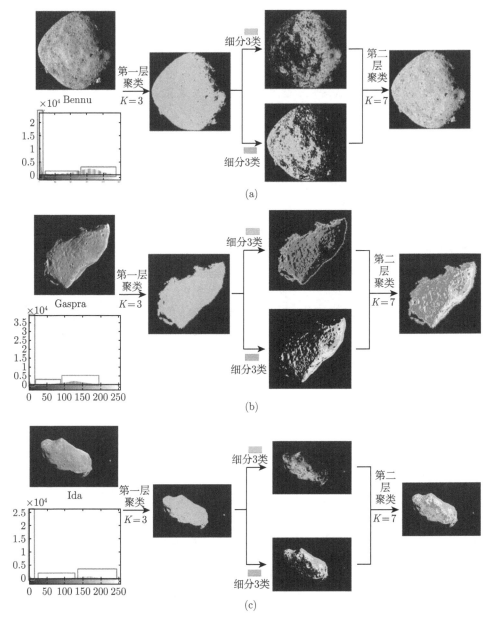

图 5.14　Bennu、Gaspra、Ida 光学影像 MRF 模型两层聚类结果

5.3.2　形貌判读

本节将从聚类的视角, 对分层分类分析方法的结果进行典型形貌单元的判读. 在小行星中, 常见的形貌单元有: 撞击坑、砾石、脊线等.

● **撞击坑**

撞击坑是深空小天体中最常见的形貌单元, 几乎所有的小行星表面都存在陨石坑. 这些撞击坑既有较大型的, 也有微型撞击坑, 还有退化的撞击坑. 其中爱神星有著名的宝玉坑和黛玉坑, 灶神星有典型的雪人坑等. 这些撞击坑通常呈碗状, 在光学影像数据中, 往往存在较为明显的亮度变化, 特别地, 一个撞击坑越大时, 其光照的明暗变化往往就越显著, 其第二层细分的结果中含有的细分子类也越多. 例如, 在图 5.15 中, 可以看出小天体中如果存在大型的撞击坑, 那么其对应的细分类别一般都不少于 4 个, 对应的撞击坑内部也存在着较为显著的光照亮度变化. 如果是小型撞击坑, 其深度往往较浅、光照变化较为有限, 其细分类别的一般较少. 但是, 值得注意的是, 因为小天体自身较小, 与月球等天体相比, 当光学成像载荷对其观测时, 光照变化更为明显. 因此, 即使是小型的撞击坑, 其细类的变化也相对要丰富一些. 同时, 对于小天体处于边界的低对比度区域, 聚类的结果能增强对该区域的撞击坑判读, 如图 5.15 右下侧的示例.

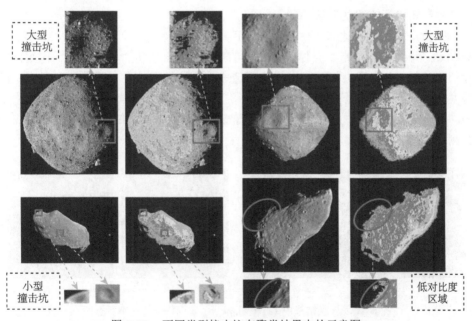

图 5.15　不同类型撞击坑在聚类结果中的示意图

● **砾石**

多数小行星表面存在着砾石, 这些砾石依靠微重力作用吸附在小行星表面. 在 Ryugu 和 Ida 的表面具有部分砾石分布在其陨石坑内, Itokawa 的表面更是遍布砾石. 在小天体的光学影像数据中, 砾石的外观通常表现出两个特征: 面向光线的光照面和阴影. 因此, 其在聚类结果中的形貌判读中, 主要表现为沿着光照方向先出现明亮区域, 随后是阴影区域, 其整体变化的趋势往往和小天体整体类别的变化趋势保持一致, 如图 5.16 所示. 根据砾石大小的不同, 光照和阴影区域的细分类别数目也会发生相应的变化.

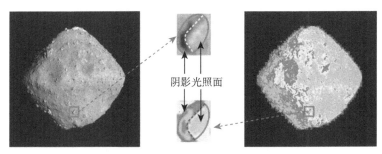

图 5.16　砾石在聚类结果中识别的示意图

- **脊线和其他宏观形貌特征**

在撞击坑和砾石之外, 小天体上还存在着空间跨度更大的宏观形貌单元, 如脊线等. 脊线一般是指小天体表面突出的形貌线, 如连续的环形山脉、褶皱而突起的形貌等, 多数是由陨石撞击或挤压造成的. 该类形貌在小天体的影像中空间跨度大, 有一定的光照变化. 通过分层聚类的方法来判读这类地物, 因其往往表现为同种聚类结果的地物, 所以能较好地凸显这些形貌单元, 如图 5.17(a) 中 Ryugu 右侧中部的脊线区域.

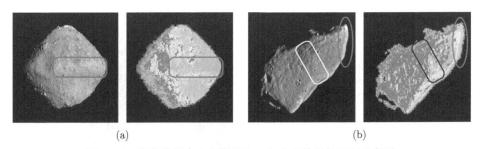

图 5.17　聚类结果中 (a) 脊线和 (b) 宏观特征的识别示意图

此外, 大型撞击坑退化后形成的低陷区域、因小天体表面的岩石区域先遭受撞击而造成裂缝, 再经过岩石质变填补而形成的狭长沟壑、因内部运动或表面质变作用形成的穹窿形山丘 (王栋等, 2015) 等, 都是一些跨度较大的宏观形貌单元. 这些单元往往没有确定的形状, 且存在部分的形貌缺失或改变. 由于分层分类方法中每个细类的空间分布情况可以反映形貌的变化, 因此当一种细类的空间分布在某一个区域与其他区域具有显著不同时, 往往意味着该处宏观形貌的变化和不同. 例如, 在图 5.17(b) 中, Gaspra 多层聚类结果的橙色、黄色细类在小天体中部区域有一个明显的分布变化, 且以其为界限, 上半部的子类多为橙色、黄色和绿色等光照较为明亮的区域, 而下半部则有更多光照较暗的细类, 这表明该部分应该在形貌上对应着一个形貌不同、表面高度发生显著变化的区域. 同时, 该小天体最右侧的区域也出现了较为密集的粉色细类, 这意味着该部分的宏观特征也和其他区域存在不同.

5.3.3 讨论分析

在本小节中, 基于 MRF 模型的分层分类分析方法被进一步用于小天体光学影像数据的形貌判读中. 不同小天体的分析表明, 上述方法在小天体中也可以有效使用. 但是, 与大型天体相比, 小天体的影像中往往存在深空背景, 因此在进行第二层分类分析时, 小天体的形貌判读需要更多关注小天体自身对应的一些形貌类别.

第三部分　基于深度学习方法的深空数据解译篇

- 深度学习基本理论知识
- 基于深度学习的撞击坑判读

第 6 章　深度学习基本理论知识

6.1　CNN 介绍

6.1.1　CNN 发展历史

卷积神经网络 (Convolutional Neural Network, CNN) 是 Hubel 等 (Hubel et al., 1968) 从猫的神经结构研究中得到灵感所提出的一种神经网络的架构. LeCun (1989) 将反向传播算法应用于影像分类的卷积神经网络, 在手写数字体识别数据集中取得当时最好的识别效果, 经过算法的不断改进, LeCun 在论文 (LeCun et al., 1998) 中构建了七层卷积神经网络模型 LeNet, 这也标志着具有完整体系的卷积神经网络正式面世. 但受限于当时硬件条件和支持向量机的兴起等原因, 上述结果在当时并没有得到很好的推广应用.

近年来, 随着人工智能技术的飞速发展, 卷积神经网络又再次迎来发展机遇, 2012 年深层卷积神经网络 AlexNet(Krizhevsky et al., 2012) 在 ImageNet 竞赛中以绝对优势取得冠军, 在计算机视觉领域引发极大轰动, 成为深度学习发展的历史转折点, 开启了深度学习爆发时代. 2013 年, 深度学习被 MIT Technology Review 认为是该年度最具有突破意义的十大技术之一 (MIT Technology Review, 2013, https://www.technologyreview.com/10-breakthrough-technologies/2013/). LeCun 等 (2015) 在 *Nature* 上发表了一篇关于深度学习的综述文章, 系统地总结了深度学习的发展进程. 随着深度卷积神经网络在大规模数据集的分类任务的优异表现, 基于卷积神经网络的深度学习已经成为当前研究的热点.

6.1.2　CNN 基本概念

卷积神经网络主要由输入层、隐层和输出层三部分组成. 训练数据经过输入层, 在隐层中通过卷积、激活和池化等操作提取影像特征, 之后将得到的特征图拉伸展开并输入到分类层, 通过构建全连接网络作为分类器, 在输出层给出分类结果. 在深度学习的模型训练阶段, 会计算输出结果中每一类别的概率, 然后通过与真实标签比较, 计算损失函数值, 通过反向传播算法迭代更新参数, 并以此作为最终的模型参数. 具体架构如图 6.1 所示.

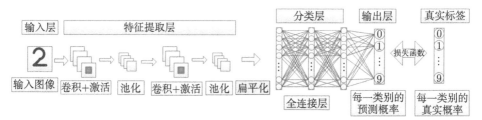

图 6.1　卷积神经网络

　　相比于传统的神经网络, CNN 为什么能取得更好的表现呢? 为深入了解卷积神经网络的工作原理, 下面我们介绍各个模块的作用和具体运算过程.

6.1.2.1　卷积层

　　由于深空光学遥感影像主要为影像数据, 故本节以二维离散卷积为例来说明 CNN 中的卷积运算. 在进行卷积运算时, 首先需要给定卷积核, 如图 6.2 的二维卷积示例中卷积核就是一个 3×3 的数值矩阵. 然后, 对于给定的输入影像, 再利用二维卷积核分别与影像对应位置进行卷积运算, 即可得到影像的卷积结果. 具体而言, 以图 6.2 为例, 从输入影像的左上角开始, 选定一个与卷积核大小一致的区域, 即 3×3 的红色区域, 然后将该区域的像素与卷积核对应位置的数据分别相乘后再相加, 即可得到该区域的卷积结果: 1×1+2×0+3×0+2×0+3×1+4×0+4×0+5×0+6×1=10. 类似地, 3×3 绿色区域的卷积结果为: 2×1+3×0+4×0+3×0+4×1+5×0+5×0+6×0+7×1=13. 请注意, 在卷积运算中, 一般将每个卷积运算的结果作为输入影像选定区域中心点的卷积结果, 如橙色区域的卷积结果被作为该区域中心第二行第二列取值为 3 的像素点的卷积结果, 绿色区域的卷积结果是该区域中心第二行第三列取值为 4 的像素点的卷积结果.

　　按照上述方式对输入影像进行卷积, 可以发现对位于边缘的像素而言, 无法计算以其为中心的卷积结果. 所以每次卷积运算都会使特征图越卷变小, 为解决此问题, 在 CNN 中卷积操作常常通过填充的方式来保证对边缘信息的计算, 以保持输出特征图的尺寸. 常见的填充方式有补 0 填充、对称填充、周期填充等, 图 6.3 给出了一个补 0 填充 (padding=1) 的示例图. 经过上述二维卷积运算后, 输出数据的尺寸为

$$N = \frac{H-K+2P}{S} + 1$$

(N 为卷积后的尺寸, H 为卷积前的尺寸, K 为卷积核的尺寸, P 为填充 0 的圈数, S 为卷积步长). 以二维卷积运算为例, 其 Python 代码如下.

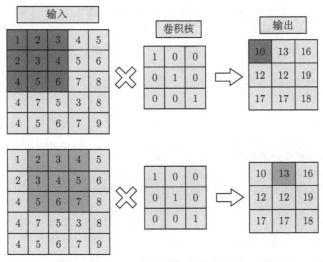

图 6.2   二维离散卷积计算过程

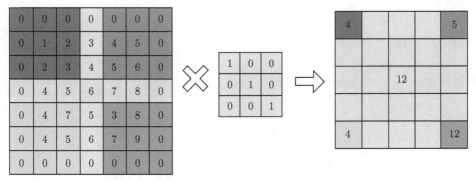

图 6.3   填充为 1、3×3 卷积核、步长为 1 的卷积

```
#二维卷积Python代码
Conv2d(in_channels, out_channels, kernel_size, stride=1, padding=0,
    dilation=1, bias=True, padding_mode='zeros')
in_channels: 变量为整数型, 输入通道数, 比如RGB影像是3通道.
out_channels: 变量为整数型, 输出通道数, 也就是使用卷积核的个数.
kernel_size: 变量既可以为整数型, 比如kernel_size=3, 意味着卷积核大小
    为3×3, 也可以为元组形式, 比如kernel_size=(2, 3), 表示卷积核大小
    为2×3(height × width), 不过这一种类型在卷积中很少使用.
stride:变量可以为整数型, 比如stride=1, 即卷积步长为1, 也可以为元组形
    式, 比如stride=(2, 3), 表示在height方向上每次移动2步, 在width
    方向上每次移动3步, 通常如果不特意设定步长, 就会默认stride=1.
```

padding：变量既可以为整数型，比如padding=2，即在周边补两圈0，也可以为
　　　元组形式，比如padding=（2，3），表示在height方向上补两圈0，在
　　　width方向上补三圈0，而padding=0即为不填充，通常情况下默认padding
　　　=0。
bias：有没有偏置项，一般默认为有，即bias=True

```
#Example:
import torch
import torch.nn.functional as F
input = torch.tensor
    ([[1,2,3,4,5],[2,3,4,5,6],[4,5,6,7,8],[4,7,5,3,8],[4,5,6,7,9]])
kernel = torch.tensor([[1,0,0],[0,1,0],[0,0,1]])
output1 = F.conv2d(input, kernel, stride=1,padding=0)
print('output1:',output1)
output2=F.conv2d(input, kernel, stride=1, padding=1)
print('output2:',output2)
```

```
#输出结果

output1: tensor([[[[10, 13, 16],
                   [12, 12, 19],
                   [17, 17, 18]]]])
output2: tensor([[[[ 4,  6,  8, 10,  5],
                   [ 7, 10, 13, 16, 10],
                   [11, 12, 12, 19, 13],
                   [ 9, 17, 17, 18, 15],
                   [ 4,  9, 13, 12, 12]]]])
```

在 CNN 中，二维卷积运算也可用于多维数据的离散卷积运算．例如，当输入
数据具有多个维度特征时，可以使用不同的二维卷积核去遍历计算输入影像的每
一维特征图，其中每一个二维卷积核需要与不同维度的特征图分别进行二维的卷
积运算，如图 6.4 所示，多维数据的卷积 Python 如下．

```
#多维数据的卷积Python代码
import torch
import torch.nn as nn
F = nn.Conv2d(3, 5, kernel_size=3, stride=1,padding=0)
input = torch.randn(1,3,5,5)
output = F(input)
print('output:',output)
output: tensor([[[[-0.0471,  0.1162,  0.6460],
```

```
        [0.9536,    0.1312, -0.7423],
        [-0.8305,    0.7189, -0.3055]],
       [[ 0.5885,  -0.1159,    0.9405],
        [-0.4640,    0.0063, -0.2095],
        [-0.8324,  -0.3843, -1.0234]],
       [[-0.3143,    0.5189,    0.6308],
        [ 1.1946,    0.2140,    0.0961],
        [-0.2635,  -0.2593, -0.7141]]
       [[ 0.8885,    0.5332,    0.1640],
        [ 0.8246,  -0.8629, -0.9554],
        [-0.7429,    0.3972,    0.3135]],
       [[-1.3994,  -0.6292, -0.7557],
        [ 0.3650,    0.2065, -0.4452],
        [0.3854,  -0.1173, -0.5355]]]],
       grad_fn=<ThnnConv2DBackward>)
```

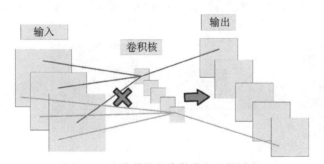

图 6.4   多维数据的离散卷积计算过程

6.1.2.2　池化层

池化 (Pooling) 又被称为下采样, 其操作是将输入特征图的每一个局部区域 (一般为 2×2 或者 3×3 的网格) 用平均值、最大值等简单统计量代替, 输出特征图的大小变为原来的四分之一或九分之一. 池化通常在卷积操作之后进行, 其在保持目标整体结构信息的条件下, 通过扩大感受野, 使网络能够捕获到影像更宏观的特征, 同时通过降低特征图的尺寸达到减少网络参数量的目的. 常见的池化操作有最大池化 (Max Pooling) 和平均池化 (Average Pooling), 其中最大池化采样选定区域的最大值作为该区域的池化后数值, 可以学习到影像的边缘和纹理信息; 平均池化使用选定区域所有元素的平均值作为池化数值, 能够保留影像的低频框架性信息, 上述两种池化的具体操作示意图如 6.5, Python 代码如下.

```
# 最大池化和平均池化Python代码
```

```
import torch
import torch.nn as nn
input = torch.tensor
    ([[5,6,15,25],[4,5,20,20],[10,20,30,35],[20,10,30,45]])
input = torch.reshape(input, (1, 1, 4, 4)).to(float)
max_pool=nn.MaxPool2d(kernel_size=2,stride=2)
avg_pool=nn.AvgPool2d(kernel_size=2,stride=2)
output1 = max_pool(input)
print('output_maxpool:',output1)
output2 = avg_pool(input)
print('output_avgpool:',output2)

#输出结果
output_maxpool: tensor([[[[ 6., 25.],
                          [20., 45.]]]], dtype=torch.float64)
output_avgpool: tensor([[[[ 5., 20.],
                          [15., 35.]]]], dtype=torch.float64)
```

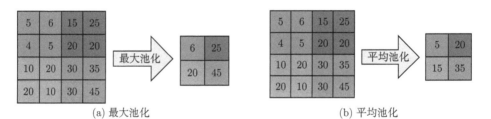

(a) 最大池化　　　　　　　　　　　　　　　　(b) 平均池化

图 6.5　最大池化和平均池化示意图

6.1.2.3　激活函数

在卷积神经网络中, 如果只进行卷积和池化的操作, 经过多次运算之后也不过是单纯的线性组合, 并不能有效提取影像复杂的特征, 因此需要在卷积和池化操作中间引入非线性的激活函数来增强网络的表达能力, 尤其是非线性函数的表达能力. 常见的激活函数有 Sigmoid 函数、Tanh 函数和 ReLU 函数等.

Sigmoid 函数及导函数公式如下, 图像见图 6.6:

$$f(x) = \frac{1}{1+e^{-x}},$$

$$f'(x) = \frac{e^{-x}}{(1+e^{-x})^2} = f(x)(1-f(x)).$$

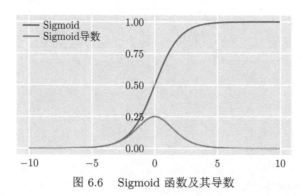

图 6.6 Sigmoid 函数及其导数

Sigmoid 函数又称为 Logistic 函数, 因其具有处处连续且单调可微的优良性质, 被广泛应用于早期的神经网络模型中. 从图 6.6 的函数及其导数曲线中可以发现, Sigmoid 函数的导数最大值为 0.25, 且随着输入值的变大或变小, 导数会快速趋近于 0. 当导数过小, 甚至趋近于 0 时, 会影响模型参数的更新和学习效果. 具体而言, 当导数较小时, 基于链式法则更新权重的反向传播算法, 在接近输出层的几层网络还可以正常更新, 但越接近输入层其梯度在多次与小于 0.25 的导数相乘, 已经无限趋近于 0. 此时, 神经元的权重因为梯度过小而无法得到有效更新, 会出现梯度消失 (Vanishing Gradients) 的现象. 因此, Sigmoid 函数在深度学习模型中逐渐被其他激活函数所代替.

Tanh 函数及导函数公式如下, 图像见图 6.7:

$$f(x) = \frac{e^x - e^{-x}}{e^x + e^{-x}},$$

$$f'(x) = 1 - \left(\frac{e^x - e^{-x}}{e^x + e^{-x}}\right)^2.$$

Tanh 函数又称为双曲正切激活函数 (Hyperbolic Tangent Activation Function), 可以将任意输入映射到 $(-1,1)$ 区间内, 相比于 Sigmoid 函数, 其梯度下降的收敛速度稍快一点, 但仍存在梯度消失和计算量大的问题.

ReLU 函数及导函数公式如下, 图像见图 6.8:

$$f(x) = \max(0, x) = \begin{cases} 0, & x < 0, \\ x, & x \geqslant 0, \end{cases}$$

$$f'(x) = \begin{cases} 0, & x < 0, \\ 1, & x \geqslant 0. \end{cases}$$

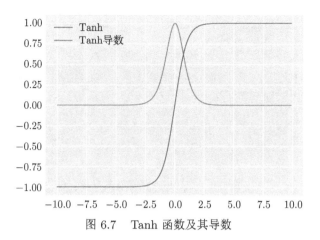

图 6.7　Tanh 函数及其导数

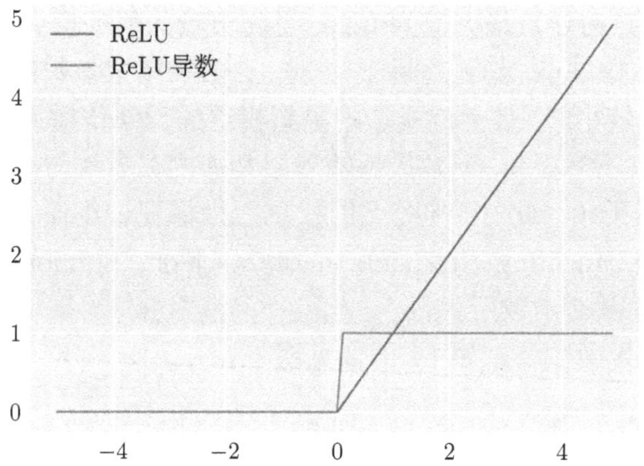

图 6.8　ReLU 函数及其导数

ReLU 函数又称为修正线性单元 (Rectified Linear Unit), 是一种分段线性函数, 当输入为负时, 输出为 0, 梯度也恒为 0; 当输入为正时为恒等映射, 梯度恒为 1. ReLu 函数解决了 Sigmoid 函数和 Tanh 函数存在的梯度消失问题, 并且其求导简单, 计算量小, 是当前深度神经网络模型中运用最广泛的激活函数之一. 对于 ReLU 函数, 在少数情况下, 当某些神经元的输入为负时, 其梯度为 0, 在反向传播过程中这些神经元将不会被再次激活, 权重不再得到更新, ReLU 函数将不起作用, 出现了 Dead ReLU 问题. 针对该问题, ReLu 函数的一些变形形式被相继提出, 比较典型的一种变形是 Leaky ReLU 函数, 该函数及导函数公式如下 (图像见图 6.9):

$$f(x) = \begin{cases} \alpha x, & x < 0, \\ x, & x \geqslant 0, \end{cases}$$

$$f^{'}(x) = \begin{cases} \alpha, & x < 0, \\ 1, & x \geqslant 0. \end{cases}$$

通过定义可以看出, Leaky ReLU 函数通过给输入中存在的负值赋以一个小的权重 α(通常 $\alpha = 0.01$), 将负值的梯度变为 α, 解决了 Dead ReLU 问题, 在应用中取得了较好的效果.

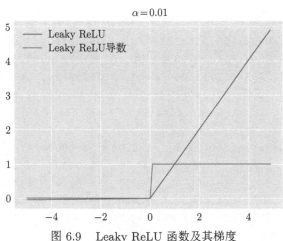

图 6.9 Leaky ReLU 函数及其梯度

```
# 激活函数Python代码
import torch
import torch.nn as nn
sigmoid = nn.Sigmoid()
tanh = nn.Tanh()
relu = nn.ReLU()
leaky_relu = nn.LeakyReLU()
input = torch.tensor
    ([[-5,-6,15,25],[4,5,-20,-20],[-10,20,-30,35],[20,-10,30,-45]]).
    to(float)
output1 = sigmoid(input)
output2=  tanh(input)
output3=  relu(input)
output4=  leaky_relu(input)
print('input:',input)
print('output1_sigmoid:',output1)
print('output2_tanh:',output2)
print('output3_relu:',output3)
```

```
print('output4_leakyrelu:',output4)

#输出结果
input: tensor([[ -5.,  -6.,  15.,  25.],
               [  4.,   5., -20., -20.],
              [-10.,  20., -30.,  35.],
              [ 20., -10.,  30., -45.]], dtype=torch.float64)

output1_sigmoid:
    tensor([[6.6929e-03, 2.4726e-03, 1.0000e+00, 1.0000e+00],
           [9.8201e-01, 9.9331e-01, 2.0612e-09, 2.0612e-09],
           [4.5398e-05, 1.0000e+00, 9.3576e-14, 1.0000e+00],
           [1.0000e+00, 4.5398e-05, 1.0000e+00, 2.8625e-20]],
               dtype=torch.float64)

output2_tanh: tensor([[-0.9999, -1.0000,  1.0000, 1.0000],
                      [ 0.9993, 0.9999, -1.0000, -1.0000],
                     [-1.0000, 1.0000, -1.0000,  1.0000],
                     [1.0000,  -1.0000, 1.0000, -1.0000],
                          dtype=torch.float64)

output3_relu: tensor([[ 0.,   0., 15., 25.],
                      [ 4.,   5.,  0.,  0.],
                      [ 0.,  20.,  0., 35.],
                      [20.,   0., 30.,  0.]], dtype=torch.float64)

output4_leakyrelu: tensor([[-0.0500, -0.0600, 15.0000, 25.0000],
                           [ 4.0000,  5.0000, -0.2000, -0.2000],
                          [-0.1000, 20.0000, -0.3000, 35.0000],
                          [20.0000, -0.1000, 30.0000, -0.4500]],
                              dtype=torch.float64)
```

6.1.2.4　全连接层

在特征提取层完成对影像特征的提取后, 输出的特征图首先会被生成一维特征向量, 然后将其输入进全连接层中. 在全连接层中, 相邻两层的神经元是全部连接的, 且最后一层神经元的个数等于类别数, 其网络示意图如图 6.10 所示. 全连接层的整体结构与经典的神经网络相似, 其作用是对提取特征的分类.

```
# 全连接层Python代码
nn.Linear(in_features,out_features,bias=True)
```

```
in_features:输入数据的尺寸;
out_features:输出数据的尺寸;
bias:有无偏置项,默认为有.
#Example:
import torch
import torch.nn as nn
input = torch.randn(3,5)
fully_connection = nn.Linear(5,6)
output = fully_connection(input)
print('input:',input)
print('output:',output)
```

```
#输出结果
input: tensor([[-0.1236,   0.9672,  -0.7400,   0.7758,   0.0293],
               [ 0.3122,   0.7931,   0.7681,  -1.7187,  -2.0546],
               [ 1.1128,   1.2752,   1.2822,   0.0212,  -0.8155]])
output:tensor([[0.1579,   0.0071,   0.8972,  -0.5470,  -0.2538,
    0.2747],
               [ 0.9624,   0.1201,   0.1728,  -0.1000,   0.5546,
                 -0.1202],
               [ 0.9976,  -0.2517,   0.6199,  -0.5854,  -0.3483,
                 -0.8885]],
     grad_fn=<AddmmBackward>)
```

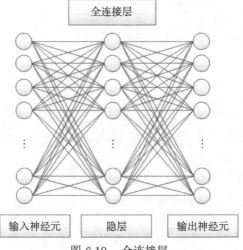

图 6.10　全连接层

6.1.2.5　损失函数

损失函数是用来度量真实值 Y 与模型预测值 $f(x)$ 之间的差异程度, 通常用 $L(Y, f(x))$ 表示. 损失函数越小, 代表模型的预测效果越佳. 在模型的训练阶段, 输入数据通过网络模型的前向传播计算输出预测值, 然后损失函数计算出预测值和真实值之间的损失值, 再以降低损失函数为目标, 经过反向传播的链式法则更新优化网络模型参数, 提高模型的训练精度. 常用的损失函数有交叉熵损失函数 (Cross Entropy Loss)、平均绝对值误差损失函数 (Mean Absolute Error)、均方误差损失函数 (Mean Square Error)、SmoothL_1 损失函数等.

交叉熵损失函数计算公式:

$$L\left(Y, f(x)\right) = -\sum_{i=1}^{N} Y_i \log f\left(x_i\right).$$

交叉熵源于信息论, 主要用来刻画两个概率分布间的差异性信息. 在 CNN 模型中, 交叉熵损失函数用来刻画模型预测值与真实值两个分布之间的相似程度, 交叉熵的值越小, 两个概率分布就越接近, 交叉熵损失函数是目前卷积神经网络最常用的一种损失函数, 尤其在离散分类问题中的应用.

```
import torch
import torch.nn as nn
Crossentropy = nn.CrossEntropyLoss()
estimate = torch.randn(3,5).to(float)
actual = torch.empty(3,dtype=torch.long).random_(5)
loss_entropy = Crossentropy(estimate,actual)
print('estimate:',estimate)
print('actual:',actual)
print('loss_entropy:',loss_entropy)
```

```
#输出结果
estimate: tensor([[-0.5076,  2.8760,  0.3752, -0.3552,  0.0667],
                  [-0.7804,  2.3032,  0.4246,  0.9312,  0.1814],
                  [-0.1262, -1.0823, -1.3110,  0.6841, -0.6138]],
                  dtype=torch.float64)
actual: tensor([2, 3, 4])
loss_entropy: tensor(2.1746, dtype=torch.float64)
```

平均绝对值误差损失函数计算公式:

$$L\left(Y, f(x)\right) = \frac{1}{n}\sum_{i=1}^{n} |Y_i - f\left(x_i\right)|.$$

平均绝对值误差损失函数又被称为 L_1 损失函数, 是模型预测值 $f(x)$ 与真实值 Y 之间差值的平均值.

```
import torch
import torch.nn as nn
MAE = nn.L1Loss()
estimate = torch.tensor([1,2,3,4]).to(float)
actual = torch.tensor([5,6,7,8]).to(float)
loss_MAE = MAE(estimate,actual)
print('loss_MAE:',loss_MAE)
```

```
#输出结果
loss_MAE: tensor(4., dtype=torch.float64)
```

均方误差损失函数计算公式:

$$L\left(Y, f(x)\right) = \frac{1}{n} \sum_{i=1}^{n} \left(Y_i - f(x_i)\right)^2.$$

均方误差损失函数 (MSE) 又被称为 L_2 损失函数, 是模型预测值 $f(x)$ 与真实值 Y 之间差值平方的平均值.

```
import torch
import torch.nn as nn
MSE = nn.MSELoss()
estimate = torch.tensor([1,2,3,4]).to(float)
actual = torch.tensor([5,6,7,8]).to(float)
loss_MSE = MSE(estimate,actual)
print('loss_MSE:',loss_MSE)
```

```
#输出结果
loss_MSE: tensor(16., dtype=torch.float64)
```

SmoothL_1 损失函数计算公式:

$$L\left(Y, f(x)\right) = \begin{cases} \dfrac{1}{2}(Y - f(x))^2, & |Y - f(x)| < 1, \\ |Y - f(x)| - \dfrac{1}{2}, & |Y - f(x)| \geqslant 1. \end{cases}$$

SmoothL_1 损失函数是对 L_1 损失函数和 L_2 损失函数的优化整合, 其对异常值的处理比 L_2 损失函数更好, 同时减少了 0 附近梯度的计算, 在目标检测任务中应用较为广泛.

```
import torch
import torch.nn as nn
SmoothL1 = nn.SmoothL1Loss()
estimate = torch.tensor
    ([[-5,-6,15,25],[4,5,-20,-20],[-10,20,-30,35],[20,-10,30,-45]]).
    to(float)
actual = torch.tensor
    ([[5,6,15,25],[4,5,20,20],[10,20,30,35],[20,10,30,45]]).to(float
    )
loss_SmoothL1 = SmoothL1(estimate,actual)
print('estimate:',estimate)
print('actual:',actual)
print('loss_SmoothL1:',loss_SmoothL1)


#输出结果
estimate: tensor([[ -5.,   -6.,   15.,   25.],
                  [  4.,    5.,  -20.,  -20.],
                  [-10.,   20.,  -30.,   35.],
                  [ 20.,  -10.,   30.,  -45.]], dtype=torch.float64)
actual: tensor([[ 5.,   6., 15., 25.],
                [ 4.,   5., 20., 20.],
                [10.,  20., 30., 35.],
                [20.,  10., 30., 45.]], dtype=torch.float64)
loss_SmoothL1: tensor(18., dtype=torch.float64)
```

6.1.2.6　Dropout 层

当在小型数据集上进行深度神经网络训练时, 模型的参数太多, 而训练样本又太少, 训练出来的模型很容易产生过拟合的现象. 此时, 模型在训练数据上的损失函数值往往较小, 预测准确率高, 但在验证数据上损失函数值较大, 预测准确率低. 针对此问题, Hinton 等 (2012) 提出了 Dropout 策略, 如图 6.11 所示. 该策略在前向传播过程中, 通过随机断开神经网络部分神经元之间的连接来训练模型, Dropout 以集成的思路提升模型的鲁棒性, 提高神经网络的泛化性, 具体操作步骤如下:

(1) 随机删掉一定比例的神经网络隐层神经元, 输入输出神经元保持不变;

(2) 通过修改后的网络前向传播, 通过反向传播更新未被删除的神经元权重;

(3) 恢复删掉的神经元, 权重保持不变;

(4) 循环进行.

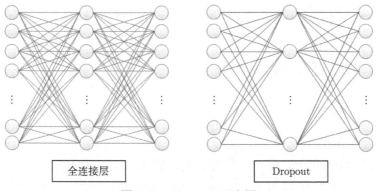

图 6.11 Dropout 示意图

```
#Dropout的Python代码
torch.nn.Dropout(p=0.5)
p:输入神经元被归零的概率，默认为0.5
#Example:
import torch
import torch.nn as nn
Dropout = nn.Dropout(p=0.5)
input = torch.randn(1,4)
output = Dropout(input)
print('input:',input)
print('output:',output)
```

```
#输出结果
input: tensor ([[ 1.5410, -0.2934, -2.1788,  0.5684]])
output: tensor([[ 0.0000, -0.0000, -4.3576,  0.0000]])
```

6.1.2.7 批归一化

为了消除数据量纲的影响, 常对给定数据进行 [0,1] 或正态归一化处理. 在深度神经网络中, 各层神经元的参数会随着训练过程不断更新, 参数的不断变化会使得各层输入数据的分布也随之发生变化, 进而出现内部协变量偏移现象 (Internal Covariate Shift). 这会导致梯度下降收敛速度变慢、梯度消失等现象. 为解决此问题, 谷歌的研究人员 (Ioffe and Szegedy, 2015) 在 2015 年提出一种训练技巧——批归一化 (Batch Normalization), 将每层的输入数据都进行归一化, 使每层的输入分布都为标准正态分布. 该操作一般在激活函数之前进行该操作, 能够有效缓解内部协变量偏移现象带来的影响, 使训练过程更简单和稳定. 具体操作步骤如下:

输入: 一个批次的数据 $B = \{x_1, x_2, \cdots, x_n\}$, 待学习的参数 γ, β;

(1) 计算一个训练批次数据的样本均值 $\mu_B = \dfrac{1}{n}\sum\limits_{i=1}^{n} x_i$;

(2) 计算每一个训练批次数据的样本方差 $\sigma_B^2 = \dfrac{1}{n}\sum\limits_{i=1}^{n}(x_i - \mu_B)^2$;

(3) 对该批次的训练数据做归一化 $\hat{x_i} = \dfrac{x_i - \mu_B}{\sqrt{\sigma_B^2 + \epsilon}}$, ϵ 是为防止出现除数为 0 而设置的较小正数;

(4) 对标准化的输入 x_i 再次进行缩放和平移, $y_i = \gamma\hat{x_i} + \beta$.

输出: $y_i = \gamma\hat{x_i} + \beta = BN_{\gamma,\beta}(x_i)$.

```
#批归一化Python代码
troch.nn.BactchNorm2d(num_features, eps=1e-5, momentum=0.1, affine =
    True, track_running_states = True)
num_features:输入数据的通道数; eps:ε, 防止出现除数为0, 默认eps=1e-5;
    affine: 是否用γ和β做平移变化, 默认为True;
#Example:
import torch
import torch.nn as nn
BN = nn.BatchNorm2d(3)
input = torch.randn(1,3,5,5)
output = BN(input)
print('input:',input)
print('output:',output)


#输出结果
input:        tensor ([[[[-2.1501, -0.7766, -0.5798, -0.6450,
   -0.2189],
                  [-0.3148, -0.1945, -0.7461, -0.7068,
                    0.5354],
                  [-1.8521,  0.9296,  0.5476, -2.6787,
                    -0.3000],
                  [-0.3245, -1.1644, -2.2612, -0.7650,
                    0.2579],
                  [-0.5820, -0.2489, -0.2830,  1.9618,
                    0.3115]],
                 [[-0.2540, -1.7360, -1.0984,  0.8910,
                    -0.1537],
                  [ 1.0283, -0.4922,  1.0984,  0.5563,
                    -1.0378],
```

```
                     [-0.3273, -1.2118, -0.3618, -0.4732,
                        0.0580],
                     [-0.5386, -1.1422, -0.3727, -0.2684,
                        -1.3516],
                     [-0.1000, -0.4142,  1.9940, -0.6063,
                        -0.3069]],
                    [[ 0.3854,  0.0659,  1.8025,  0.4848,
                        1.6242],
                     [ 1.4787,  1.1930,  0.3380,  0.2433,
                        1.1299],
                     [-0.0616,  0.9187, -0.4041, -0.9290,
                        0.2791],
                     [ 0.9570, -2.1450,  0.3962, -0.1847,
                        -0.1980],
                     [ 0.2965,  0.1454,  0.3747, -1.2612,
                        1.1132]]]])
output:       tensor([[[[-1.6596, -0.2865, -0.0898, -0.1550,
                        0.2710],
                     [ 0.1751,  0.2953, -0.2561, -0.2168,
                        1.0250],
                     [-1.3617,  1.4191,  1.0372, -2.1880,
                        0.1899],
                     [ 0.1654, -0.6742, -1.7707, -0.2750,
                        0.7476],
                     [-0.0920,  0.2410,  0.2069,  2.4509,
                        0.8012]],
                    [[0.0131, -1.7621, -0.9984,  1.3844,
                        0.1332],
                     [1.5488, -0.2723,  1.6327,  0.9835,
                        -0.9258],
                     [-0.0748, -1.1342, -0.1162, -0.2495,
                        0.3867],
                     [-0.3279, -1.0509, -0.1292, -0.0043,
                        -1.3016],
                     [0.1974, -0.1788,  2.7055, -0.4090,
                        -0.0504]],
                    [[0.0721, -0.2894,  1.6755,  0.1845,
                        1.4738],
                     [ 1.3091,  0.9858,  0.0185, -0.0887,
                        0.9144],
```

```
              [-0.4337,   0.6755,  -0.8212,  -1.4153,
                  -0.0483],
              [ 0.7189,  -2.7911,   0.0843,  -0.5730,
                  -0.5880],
              [-0.0285,  -0.1995,   0.0599,  -1.7911,
                  0.8956]]]],
         grad_fn=<NativeBatchNormBackward>)
```

6.1.2.8   上采样

在卷积神经网络中, 经过多次卷积池化操作, 输出特征图的尺寸要小于输入影像, 为了实现端到端的精准预测, 需要将提取的特征图尺寸上采样到输入影像的尺寸. 在深度学习中, 上采样一般有三种方法: 插值法、反卷积法、反池化法, 其中插值法和反卷积法应用最为广泛.

插值法是根据原有像素值和空间关系确定所要补充的空白像素值, 将输入影像放大到需要的尺寸, 常用方法有最近邻插值法 (Nearest Interpolation)(如图 6.12)、单线性插值、双线性插值法 (Bilinear Interpolation) (如图 6.13)、双三次插值法 (Bicubic Interpolation) 等. 最近邻插值是用与空白像素点最近的像素值填充, 线性插值是用像素之间空间位置关系确定像素值.

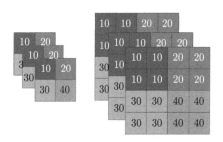 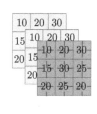

图 6.12   最近邻插值

```
#插值法: 最近邻上采样、双线性插值、双三次插值Python代码
torch.nn.functional.interpolate(input,size,scale_factor,mode,
    align_corners)
input:输入需要插值的张量
size: 输出的尺寸
scale_factor:放大的倍数
mode: 插值类型; 最近邻插值: nearest; 线性插值: linear; 双线性插值:
    bilinear; 双三次插值: bicubic; 默认最近邻插值
align_corners:是否在边缘保留原始像素点, 默认为False
```

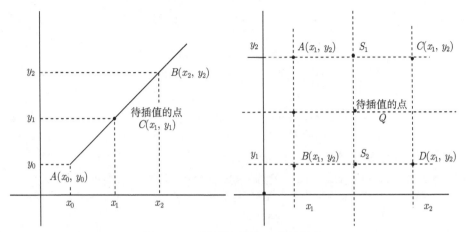

图 6.13 单线性插值与双线性插值

```
#Example的Python代码
import torch
import torch.nn.functional as F
input1 = torch.tensor
    ([[[[10,20],[30,40]],[[10,20],[30,40]],[[10,20],[30,40]]]]).to(
    float)
output1=F.interpolate(input1,scale_factor=2,mode='nearest')
output2=F.interpolate(input1,scale_factor=2,mode='bilinear',
    align_corners=True)
output3 = F.interpolate(input1,scale_factor=2,mode='bicubic',
    align_corners=True)
print('output1:',output1)
print('output2:',output2)
print('output3:',output3)
output1_nearest:
tensor   ([[10., 10., 20., 20.],
           [10., 10., 20., 20.],
           [30., 30., 40., 40.],
           [30., 30., 40., 40.]], dtype=torch.float64)
output2_bilinear:
tensor   ([[10.0000, 13.3333, 16.6667, 20.0000],
           [16.6667, 20.0000, 23.3333, 26.6667],
           [23.3333, 26.6667, 30.0000, 33.3333],
           [30.0000, 33.3333, 36.6667, 40.0000]], dtype=torch.
               float64)
output3_bicubic:
```

```
tensor  ([[10.0000, 13.1481, 16.8519, 20.0000],
          [16.2963, 19.4444, 23.1481, 26.2963],
          [23.7037, 26.8519, 30.5556, 33.7037],
          [30.0000, 33.1481, 36.8519, 40.0000]], dtype=torch.
              float64)
```

反卷积又称为转置卷积, 顾名思义就是卷积的逆运算. 反卷积运算首先将特征图补零, 然后用一定大小的卷积核通过卷积运算将特征图放大, 如图 6.14 所示. 反池化法和反卷积法类似, 在最大池化过程中记下最大元素的位置, 反池化上采样就将该元素放入放大后的位置中, 其余位置补零, 起到放大影像的效果.

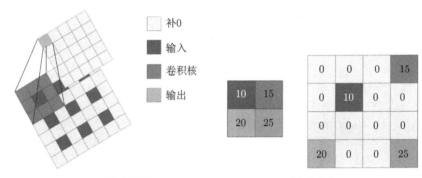

(a) 反卷积   (b) 反池化

图 6.14　反卷积与反池化上采样示意图

```
#反卷积上采样Python代码
nn.ConvTranspose2d(in_channels=3, out_channels=1, kernel_size=3,
    stride=2, padding=1, output_padding=0)
in_channels:输出影像的通道数;
out_channels: 输出影像的通道数;
kernel_size: 卷积核的尺寸;
stride: 卷积的步长，默认为1;
padding: 有无填充，默认为不填充;

#Example的Python代码
import torch
import torch.nn as nn
input = torch.randn(1,3,6,6)
conv = nn.Conv2d(3,3,kernel_size=3,stride=2,padding=1)
h = conv(input)
transposeconv = nn.ConvTranspose2d(3,3,kernel_size=3,stride=2,
    padding=1)
```

```
output = transposeconv(h,output_size=input.size())
print('原始尺寸: ',input.size())
print('卷积后的尺寸: ',h.size())
print('反卷积上采样后的尺寸: ',output.size())
```

```
#输出结果
原始尺寸: torch.Size([1, 3, 6, 6])
卷积后的尺寸: torch.Size([1, 3, 3, 3])
```

```
#反池化上采样Python代码
nn.MaxUnpool2d(kernel_size,stride,padding)
kenel_size:最大池化的大小
stride: 最大池化的步长
padding: 有无填充
#Example:
import torch
import torch.nn as nn
input = torch.tensor
    ([[[[5,6,15,25],[4,5,20,20],[10,20,30,35],[20,10,30,45]]]]).to(
    float)
maxpool = nn.MaxPool2d(2,stride=2,return_indices=True)
unmaxpool = nn.MaxUnpool2d(2,stride=2,)
output_pool ,indices= maxpool(input)
output_unpool = unmaxpool(output_pool,indices)
print('原始结果: ',input)
print('反池化上采样: ',output_unpool)
```

```
#输出结果
原始结果:        tensor([[[[ 5.,   6.,  15.,  25.],
                         [ 4.,   5.,  20.,  20.],
                         [10.,  20.,  30.,  35.],
                         [20.,  10.,  30.,  45.]]]],
                       dtype=torch.float64)
反池化上采样: tensor([[[[ 0.,   6.,   0.,   25.],
                         [ 0.,   0.,   0.,    0.],
                         [ 0.,  20.,   0.,    0.],
                         [ 0.,   0.,   0.,   45.]]]],
                       dtype=torch.float64)
```

6.1.3   基于 CNN 的深层神经网络介绍

随着人工智能技术的快速发展, 越来越多基于卷积神经网络的深度学习模型被相继提出. 尽管模型架构千变万化, 但其都依托于深度学习的基础模型, 下面我们通过介绍几个深度学习模型较为典型的网络结构, 以此来探寻其发展情况.

6.1.3.1   AlexNet 模型

在 2012 年的 ImageNet 竞赛中, 基于深层卷积神经网络的 AlexNet 模型 (Krizhevsky et al., 2012) 在识别精度上取得了绝对优势, 摘得桂冠. 相比于传统的卷积神经网络, AlexNet 在网络深度上有了提高, 并在不同层中使用不同大小的卷积核提取特征, 用 ReLU 函数作为激活函数, 采用最大池化层来扩大感受野, 最后使用全连接网络进行分类, 在训练过程中通过 Dropout 策略避免模型出现过拟合, 利用双 GPU 运算减少训练时间, 最终的网络架构包含 5 个卷积层和 3 个全连接层, 并通过实验证明了网络中每一层的重要性, 其网络架构如图 6.15 所示.

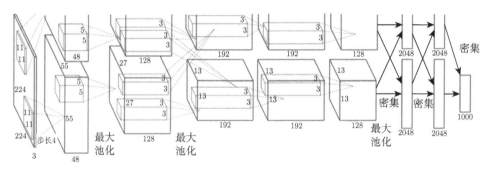

图 6.15   AlexNet 网络架构 (Krizhevsky et al.,2012)

6.1.3.2   VGG 网络

在 AlexNet 网络取得成功之后, 研究人员开始对神经网络的深度有了更高的要求, 认为随着网络层数的加深, 模型的学习能力会越强, 识别的效果越好. 牛津大学计算机视觉组在 AlexNet 的基础上加深了网络层数, 提出了深度卷积神经网络 VGG 网络 (Simonyan and Zisserman, 2015), 论文中包含了多个版本, 其中比较典型的一种网络架构 VGG16 如图 6.16 所示.

VGG16 网络由五个卷积模块、五个最大池化模块、三个全连接层和一个 softmax 分类器组成. 每一次卷积的卷积核大小都为 3×3, 步长为 1, 通过填充使输出结果与输入结果的特征图尺寸一致, 最后用 ReLU 函数进行激活, 同时用最大池化进行下采样. 相比 AlexNet 网络, VGG 网络改进了卷积核的大小, 在每个卷积模块中多次使用 3×3 的卷积来代替 AlexNet 网络中大的卷积核, 以保证在具有相同感受野的条件下, 通过加深网络层数能够达到提升神经网络的效果.

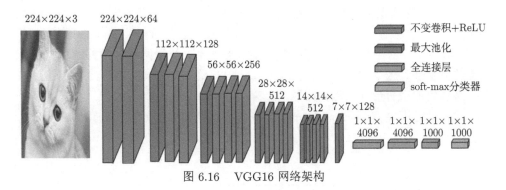

图 6.16 VGG16 网络架构

6.1.3.3 GoogleNet 模型

VGG 网络的思想是通过加深网络层数来提升网络效果, 但在不断进行的卷积池化操作中, 感受野被不断放大, 底层特征和细节信息很容易被忽视, 如何在加深网络深度的同时保证网络的学习能力不被削弱成为深度学习的又一关键问题. 在 AlexNet 网络基础上, Szegedy 等 (2015) 另辟蹊径, 通过构建 inception 模块, 在同一层中用不同大小的卷积核提取不同尺度的特征, 同时为了减少参数多计算量大的问题, 借鉴 Network-in-Network(Lin et al., 2014) 的思想, 使用 1×1 的卷积核实现降维操作, 最后将获得的特征图拼接起来, 充分利用输入信息, 提出了GoogleNet 网络. 相比于传统 CNN, GoogleNet 网络大大增强了网络对不同尺度的适用性, 该网络中的 inception 模块如图 6.17 所示.

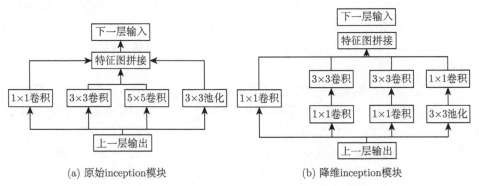

(a) 原始inception模块　　　　　　　(b) 降维inception模块

图 6.17 GoogleNet 网络 inception 模块示意图

6.1.3.4　ResNet 模型

传统的 CNN 在传递信息时, 由于卷积池化操作不可避免地会出现信息丢失等问题, 如 VGG 等网络. 随着网络层数的加深, 模型的识别精度在趋于稳定后会下降, 出现网络退化的现象. 因此在 VGG 网络的基础上, 何恺明等 (He et al., 2016) 通过提出残差学习的思想, 在每层之间添加 "短路" 链接 (Shortcut Connection), 将该层的原始输入信息直接链接到输出位置, 使得网络能更好地保持输入信息的完整性、较少损耗和误差的累积 (输出与输入的差值), 在一定程度上解决了网络层数加深所带来的退化问题.

残差学习模块 (Residual Learning Module) 结构如图 6.18 所示.

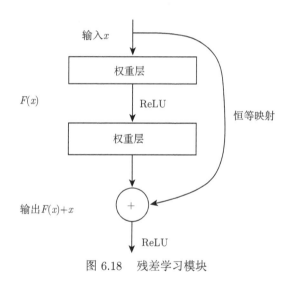

图 6.18　残差学习模块

在残差结构中, x 为上一层的输出, 通过卷积层得到残差块的输出结果 $F(x)$, 再通过 "短路" 链接将输入 x 链接到输出, 将 x 与 $F(x)$ 相加, 最后用激活函数 ReLU 对相加结果进行激活, 得到残差结构的最终输出结果, 残差模块常用的有两种模式.

图 6.19(a) 是常规残差模块 (Building Block), 由两个 3×3 的卷积层组成, 一般应用在层数较少的网络模型中, 图 6.19(b) 又称瓶颈残差模块 (Bottleneck Building Block), 由 1×1, 3×3, 1×1 三个卷积依次堆叠而成, 其中第一个 1×1 卷积层的作用是通过减少通道数, 使得 3×3 的卷积层能以较低维度的输入进行运算, 减少参数量, 提高运算效率, 第二个 1×1 卷积层用来恢复通道数, 这种残差模块一般应用在较深的网络模型中, ResNet 就是以这两种残差模块为主要构成单位, 加上池化层和全连接层组成的, 具体网络结构如表 6.1.

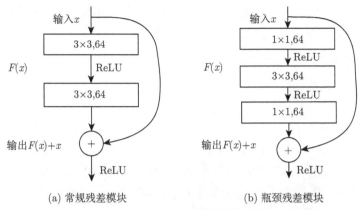

(a) 常规残差模块　　　　　(b) 瓶颈残差模块

图 6.19　常见残差学习模块

表 6.1　ResNet 网络结构 (He et al., 2016)

特征图大小	ResNet18	ResNet34	ResNet50	ResNet101	ResNet152
112×112	\multicolumn{5}{c}{$7 \times 7,\ n = 64, s = 2, p = 0$}				
	\multicolumn{5}{c}{3×3 最大池化，$s = 2$}				
56×56	$\left\{\begin{array}{l}3 \times 3,64\\3 \times 3,64\end{array}\right\} \times 2$	$\left\{\begin{array}{l}3 \times 3,64\\3 \times 3,64\end{array}\right\} \times 3$	$\left\{\begin{array}{l}1 \times 1,64\\3 \times 3,64\\1 \times 1,256\end{array}\right\} \times 3$	$\left\{\begin{array}{l}1 \times 1,64\\3 \times 3,64\\1 \times 1,256\end{array}\right\} \times 3$	$\left\{\begin{array}{l}1 \times 1,64\\3 \times 3,64\\1 \times 1,256\end{array}\right\} \times 3$
28×28	$\left\{\begin{array}{l}3 \times 3,128\\3 \times 3,128\end{array}\right\} \times 2$	$\left\{\begin{array}{l}3 \times 3,128\\3 \times 3,128\end{array}\right\} \times 4$	$\left\{\begin{array}{l}1 \times 1,64\\3 \times 3,64\\1 \times 1,256\end{array}\right\} \times 4$	$\left\{\begin{array}{l}1 \times 1,64\\3 \times 3,64\\1 \times 1,256\end{array}\right\} \times 4$	$\left\{\begin{array}{l}1 \times 1,64\\3 \times 3,64\\1 \times 1,256\end{array}\right\} \times 8$
14×14	$\left\{\begin{array}{l}3 \times 3,256\\3 \times 3,256\end{array}\right\} \times 2$	$\left\{\begin{array}{l}3 \times 3,256\\3 \times 3,256\end{array}\right\} \times 6$	$\left\{\begin{array}{l}1 \times 1,64\\3 \times 3,64\\1 \times 1,256\end{array}\right\} \times 6$	$\left\{\begin{array}{l}1 \times 1,64\\3 \times 3,64\\1 \times 1,256\end{array}\right\} \times 23$	$\left\{\begin{array}{l}1 \times 1,64\\3 \times 3,64\\1 \times 1,256\end{array}\right\} \times 36$
7×7	$\left\{\begin{array}{l}3 \times 3,512\\3 \times 3,512\end{array}\right\} \times 2$	$\left\{\begin{array}{l}3 \times 3,512\\3 \times 3,512\end{array}\right\} \times 3$	$\left\{\begin{array}{l}1 \times 1,64\\3 \times 3,64\\1 \times 1,256\end{array}\right\} \times 3$	$\left\{\begin{array}{l}1 \times 1,64\\3 \times 3,64\\1 \times 1,256\end{array}\right\} \times 3$	$\left\{\begin{array}{l}1 \times 1,64\\3 \times 3,64\\1 \times 1,256\end{array}\right\} \times 3$
$1 \times 1 \times 1000$	\multicolumn{5}{c}{平均池化、全连接层、soft-max}				

ResNet 网络的层数并不是固定的, 它有很多版本, 常用的有 ResNet18、ResNet34、ResNet50、ResNet101、ResNet152 等, 其中数字代表的是卷积层和全连接层的总层数, 后续深度学习的很多模型都把残差网络作为基础骨架使用.

6.2 深度神经网络的应用

CNN 模型及其改进模型的不断发展, 促进了它在不同的领域的广泛应用. 在影像处理中, 尤其在深空光学遥感影像处理中, 其常应用于两种任务场景: 影像语义分割 (Image Semantic Segmentation) 和目标检测 (Object Detection). 影像语义分割是一种端到端的预测任务, 既对影像的每一个元素赋予具体的类别, 不仅需要检测到目标的类别和位置, 还要描绘出目标的具体轮廓. 目标检测则是在给定的影像中确定物体的类别, 并定位目标所在的位置.

6.2.1　常见的影像语义分割模型

6.2.1.1　全卷积神经网络

语义分割的目的旨在将影像中的像素划分为若个类别, 每个类别具有明确的含义, 如人类、猫、狗等. 经典的 CNN 网络经过卷积池化后, 只能识别出给定影像的整体内容, 如一幅影像中的物体是否是猫、狗等. 但是难以实现端到端的逐像素点分类. 为了实现影像的多类别识别, Long 等 (2015) 在经典 CNN 网络的基础上提出了全卷积神经网络 (Fully Convolutional Networks, FCN), 并将其应用于语义分割. 相较于 AlexNet、VGG 网络、GoogleNet 等 CNN 网络, FCN 在网络中引入了反卷积的过程, 对卷积池化获得的特征图进行了上采样, 可使输出影像的尺寸恢复到输入影像的大小, 最后在上采样的特征图上进行逐像素分类, 从而达到对每一个像素的类别识别, 实现了影像端到端的预测, FCN 网络的整体示意图如图 6.20 所示.

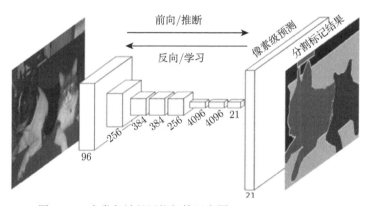

图 6.20　全卷积神经网络架构示意图 (Long et al., 2015)

在上采样过程中, 如果只是利用上采样对前面卷积池化得到的最后一次特征进行反卷积, 将无法有效利用原图的信息, 分割结果会比较粗糙. 为更多地考虑前层的特征, FCN 引入了跳跃连接的结构, 融合底层特征和高级特征, 保留原始影像更多的空间信息, 跳跃连接结构如图 6.21 所示.

在跳跃连接结构中, 输入影像先经过三次卷积池化后特征图变为原图的 1/8, 此时保留池化 3 的特征图, 继续进行卷积池化后特征图变为原图的 1/16, 保留池化 4 的特征图, 再进行卷积池化后池化 5 的特征图变为原图的 1/32, 然后经过两层卷积, 最后将得到原图 1/32 的卷积 7 的特征图, 请注意, 从池化 5 到卷积 7 特征图的大小是不变的.

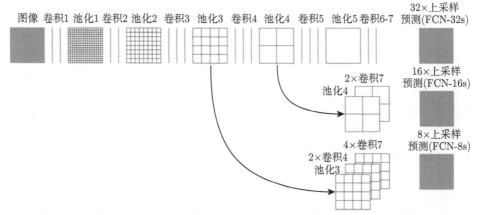

图 6.21　跳跃连接示意图 (Long et al., 2015)

在进行反卷积时, 有三个尺度的上采样. 对 conv7 反卷积上采样放大 32 倍, 恢复到与原图相同尺寸, 会首先得到 FCN-32s 的结果; 将 conv7 的特征图经过反卷积上采样放大 2 倍, 与 pool4 的特征图在相同位置逐像素叠加, 再通过反卷积上采样放大 16 倍, 恢复到原图一样大小, 得到 FCN-16s 的结果; 将 conv7 的特征图经过反卷积上采样放大四倍, 将 pool4 的特征图通过反卷积上采样放大两倍, 然后将 pool3 和放大的两个特征图逐像素叠加, 再通过反卷积上采样放大 8 倍, 得到 FCN-8s 的预测结果. 在训练阶段, FCN 会首先学习单流 (Single-Stream) 的 FCN-32s, 然后更新并进一步学习双流的 (Two-Stream) 的 FCN-16s, 最后更新并学习三流 (Three-Stream) 的 FCN-8s.

6.2.1.2　UNet 网络

FCN 网络提供了端到端逐点的影像语义分割模型, 但是其较为依赖训练数据的数量且训练过程比较耗时. 为了提高训练的效率、提升语义分割的精度, UNet 网络 (Ronneberger et al., 2015) 在 FCN 的基础上对上采样过程中的跳跃连接层做出了改进, 在影像分割的细节方面取得了更好效果, 其网络结构如图 6.22.

UNet 网络是一个经典的编码器–解码器结构, 左边编码器部分是传统的卷积网络, 由四个重复结构组成, 每个结构包含两个 3×3 的无填充卷积层, 两个 ReLU 激活函数层和一个步长为 2 的最大池化层. 在每次下采样过程中, 通过控制卷积核的个数使特征图的通道数翻倍. 示意图的网络架构底部是两次卷积操作. 右边解码器部分由 4 次上采样过程构成. 在每次上采样中, 首先进行一个 2×2 的上采样卷积运算, 得到的特征图通道数为上采样卷积的一半 (在图右侧每个上采样第一个模块中, 以右侧的蓝色来表示); 然后, 利用跳跃级联与网络架构左侧对应的下采样特征图相连接 (该部分在图右侧每个上采样第一个模块中, 以左侧的白色来表示), 需要注意的是, 由于在下采样中需要拼接的特征图尺寸比上采样恢复的特征图大, 故在将上述两部分拼接前需要将左侧下采样的特征图进行裁剪, 再通过跳跃连接层进行拼接; 最后, 对级联的下采样特征图和上采样卷积特征图进行拼接后, 对其进行 2 次 3×3 的卷积, 并用 ReLU 函数激活. 在完成 4 次上采样之后, 通过 1×1 的卷积核, 将 64 通道的特征图转化为特定类别数量的结果.

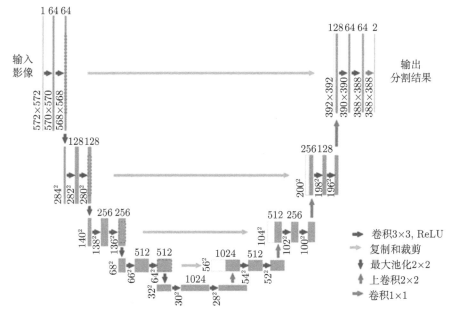

图 6.22　UNet 网络架构示意图 (Ronneberger et al., 2015)

相比于 FCN 网络跳跃连接的方式是通过对应像素相加, UNet 网络是保存下采样和上采样的特征图, 以拼接的方式进行的, 故在分割任务中能保留更多信息, 该模型也在近年来被多个领域广泛使用.

6.2.2　常用的目标检测模型

6.2.2.1　R-CNN 网络

Girshick 等 (2014) 提出的区域卷积神经网络 (R-CNN) , 将深度学习方法引入到了目标检测领域. R-CNN 模型首先通过选择性搜索算法 (Selective Search)

找出影像中可能包含检测类别的区域, 再利用卷积神经网络提取特征, 采用支持向量机进行分类, 最后构建线性模型预测目标所在的位置, 具体网络架构如图 6.23.

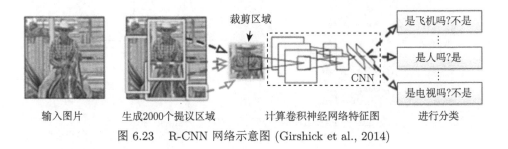

图 6.23   R-CNN 网络示意图 (Girshick et al., 2014)

R-CNN 网络首先使用选择性搜索算法对输入影像生成约 2000 个候选区域, 将候选区域调整大小成相同尺寸 (一般为 227× 227), 然后采用深度卷积神经网络 (如 AlexNet、OxfordNet、TorontoNet 等) 对候选区域进行特征提取; 最后, 使用支持向量机作为分类器, 对深度神经网络提取的特征向量进行分类. 为了提升定位准确度, R-CNN 模型用边界框回归 (Bounding-Box Regression) 的方法对结果框进行了修正.

6.2.2.2   Fast R-CNN 网络

虽然 R-CNN 在目标检测任务中有着优异表现, 但仍存在很多问题制约着精度的提升, 其不足主要表现为: ①训练过程是多阶段的, 基于神经网络的特征提取、支持向量机的分类器和最后边界框的回归是相对独立的模块; ②训练过程中计算空间和时间开销较大; ③测试阶段目标检测的速度较慢.

因此, 在 R-CNN 的基础上, Girshick (2015) 推出了改进的 Fast R-CNN 网络. 顾名思义, 该模型相较于 R-CNN 模型而言, 最大的特点在于大幅缩减训练阶段和测试阶段的运行时间. 为了达到上述目的, Fast R-CNN 网络将训练过程简化为一个基于多任务损失的单阶段训练, 且可更新所有网络层; 在捕获特征时也不再占用存储空间, 提升了目标对象检测的速度和质量. Fast R-CNN 网络的具体网络结构如图 6.24 所示. 在该网络结构中, 输入影像和候选区域作为输入, 网络首先对整幅影像进行了若干次卷积和池化运算, 形成初步的卷积特征图; 然后, 对候选区域采用了一种感兴趣区域池化 (ROI Pooling) 的方法, 从初步的卷积特征图中提取固定长度的特征向量; 最后利用全连接层对特征向量进行分类. 请注意在 Fast R-CNN 网络中, 输出的信息有两种, 一种是不同对象类别的概率估计, 另一个是含有 4 个实数值的集合, 用来刻画对应类别的边界框位置.

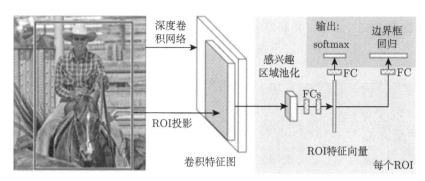

图 6.24　Fast R-CNN 网络示意图 (Girshick, 2015)

6.2.2.3　Faster R-CNN 网络

Fast R-CNN 网络相比于 R-CNN, 在训练和测试阶段的速度已有较大提升, 但生成候选区域 (Region Proposal) 仍然是一个耗时耗力的工作. 任少卿、何恺明、Girshick 等 (Ren et al., 2015) 在 Fast R-CNN 的基础上提出了候选区域网络 (RPN) 来代替选择性搜索算法, 构建了 Faster R-CNN 网络.

Faster R-CNN 主要由两部分组成: 一个是基于深度卷积网络生成的候选区域, 即 RPN 网络模块; 一个是根据 RPN 生成的候选区域, 利用 Fast R-CNN 网络进行目标识别与检测, 如图 6.25 所示. 其中, 在 Faster R-CNN 网络的最初阶

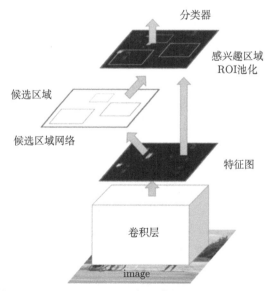

图 6.25　Faster R-CNN 网络示意图 (Ren et al., 2016)

段, RPN 与 Fast R-CNN 的特征图提取共享使用了初始的卷积层, 降低了运算开销. 在初始卷积的基础上, RPN 网络增加了一些全连接的卷积层, 可以端到端的生成候选区域, 如图 6.25 左侧所示; 该网络同时还考虑了边界框的回归以及定位的对象得分 (Objectness Scores) 等问题. 由于 RPN 网络只在 Fast R-CNN 原有网络上增加了少量的卷积, 所以它可以几乎无代价 (Cost-Free) 的生成候选区域. 根据 RPN 生成的候选区域, 在目标检测过程中利用 Fast R-CNN 网络关注更重要的潜在区域, 并得到相应的检测结果.

Faster R-CNN 网络通过引入 RPN 网络替代原有的选择性搜索, 使得特征提取、候选区域生成、边界框回归、分类检测都整合在了一个网络模型中, 不仅提高了模型的综合性能与各模块间的协同, 更极大提升了目标检测的速度.

6.3 深度学习常用的评价指标介绍

如何评价深度学习模型效果的好坏, 这就需要引入定量指标来进行度量. 本节我们主要介绍几种在语义分割和目标检测中常用的几种评价指标.

在给出评价指标之前, 需要先介绍几个基本的量化指标, 这些指标是基于二分类 (正负样本) 的任务, 也可以应用于多分类问题:

(1) TP(True Positive): 真实类别为正样本, 预测类别也为正样本的数目;

(2) FN(Flase Negative): 真实类别为正样本, 预测类别为负样本的数目;

(3) FP(Flase Positive): 真实类别为负样本, 预测类别为正样本的数目;

(4) TN(True Negative): 真实类别为负样本, 预测类别也为负样本的数目.

(1) 准确率 (Accuracy).

计算公式:

$$\text{Accuracy} = \frac{\text{TP} + \text{TN}}{\text{TP} + \text{FN} + \text{FP} + \text{TN}}.$$

准确率代表所有预测正确的样本占所有样本的比例, 是评估深度学习模型全局准确程度的最直观指标之一. 但由于其包含的信息较少, 难以有效而全面地评价模型的性能.

(2) 精确度 (Pricision).

计算公式:

$$\text{Pricision} = \frac{\text{TP}}{\text{TP} + \text{FP}}.$$

精确度代表预测结果与真实结果都为正类的部分占所有预测结果为正类的比例.

(3) 召回率 (Recall).

计算公式:

$$Recall = \frac{TP}{TP + FN}.$$

召回率代表预测结果与真实结果都为正类的部分占所有真实结果为正类的比例.

(4)F 分数.

F_1 分数和 F_β 分数计算公式:

$$F_1 = \frac{2 \times \text{Precision} \times \text{Recall}}{\text{Precision} + \text{Recall}},$$

$$F_\beta = \left(1 + \beta^2\right) \times \frac{\text{Precision} \times \text{Recall}}{\beta^2 \times \text{Precision} + \text{Recall}}.$$

F_1 分数可以同时衡量召回率和精确率, 是影像领域最常用的评价指标之一. 但在实际情况中, 我们可能会根据实际问题有侧重地考虑召回率和准确率. 由于 F_1 分数中召回率和准确率的作用同等重要, 在需要考虑两者差异性的场合, 难以区分度量两个指标的不同. 为此, 通过在 F 分数中设定权重 β, 可以对精确率和召回率赋予不同的重视程度, 当精确率更重要时, $\beta < 1$; 当召回率更重要时, $\beta > 1$; 当同等重要时, $\beta = 1$, 即为 F_1 分数.

(5)IOU、MIOU.

重叠度 (Intersection over Union, IOU) 又称为交并比或 Jaccard 指数, 是目标检测和语义分割任务中最常用的评价指标之一, 用来衡量预测结果与真实情况的重叠程度. 以目标检测为例, 如果 A 和 B 分别表示预测结果与真实结果的边界框 (Bounding Boxes), I 和 U 分别表示 A 和 B 两个区域的交集和并集, 即 $I = A \cap B, U = A \cup B$, 则 IOU 计算公式为

$$IOU = \frac{|A \cap B|}{|A \cup B|} = \frac{|I|}{|U|}.$$

在语义分割中, IOU 可计算如下

$$IOU = \frac{TP}{TP + FP + FN}.$$

均交并比 (Mean Intersection over Union, MIOU) 是 IOU 用于多分类任务的评价指标, 其计算公式为

$$\text{MIOU} = \frac{1}{K+1} \sum_{i=0}^{k} \frac{p_{ii}}{\sum_{i=0}^{k} p_{ij} + \sum_{i=0}^{k} p_{ji} - p_{ii}} = \frac{1}{K+1} \sum_{i=0}^{k} \frac{\text{TP}}{\text{TP} + \text{FP} + \text{FN}}.$$

上式中, p_{ii} 是将第 i 类预测为第 i 类的数目, 即 TP; p_{ij} 是将第 i 类预测为第 j 类的数目, 即 FN; p_{ji} 是将第 j 类预测为第 i 类的数目, 即 FP. K 是总的类别数, 其中 $k=0$ 表示背景类.

第 7 章 基于深度学习的撞击坑判读

7.1 引 言

在第 6 章中, 简略地回顾了当前人工智能算法及常用的几个网络模型. 在本章, 我们将关注深度学习方法在深空遥感影像中形貌判读的应用. 事实上, 深空天体的形貌判读与识别一直是国内外学者研究的重要方向. 在深空天体中, 几乎都存在着相同的地貌特征——撞击坑. 它是这些深空天体表面存在的最普遍最典型的地貌特征之一, 其记录了深空天体各时期的地质活动, 通过研究这些撞击坑的形成年代、分布和形貌等特点, 可以构建对深空天体的深层次认知, 对人类探索未知的宇宙具有重要意义, 因此对撞击坑的判读是当前深空探测领域研究的热点问题.

最早识别撞击坑的方法是借助望远镜对行星进行观测, 受当时技术水平的限制, 需要通过专家手工绘制撞击坑的地貌特征. 随着技术水平的进步, 近年来人类向宇宙中发射了许多观测卫星和探测器, 通过其携带的先进设备收集了各种类型的观测数据, 这些数据的体量高达 TB 级. 在数据爆炸的情况下, 单纯依靠人工目视判读来识别撞击坑已难以充分利用深空探测数据资源. 而随着计算机与人工智能计算的快速发展, 借助机器学习方法和计算机的高效运算能力来自动识别提取撞击坑已成为当前撞击坑识别的一种主要趋势. 同时, 传统方法中的统计规律与深空知识仍具有很大的借鉴意义, 能在一定程度上弥补深度学习方法存在的不足之处, 因此结合传统方法来优化提升深度学习方法的结果, 以实现对撞击坑更准确判读也受到了广泛关注.

7.2 研究基础

7.2.1 研究数据类型及来源

在近几十年以来, 各国纷纷开展深空探测任务, 发射了许多探测卫星和探测器, 通过携带的各种先进设备对其进行勘测, 而最直观展现行星面貌的数据就是光学影像, 即通过 CCD 相机等近距离拍摄的行星表面影像. 随着传感器技术的进步, 获取影像的分辨率越来越高, 行星表面地貌的细节信息、几何纹理等得以彰显; 而立体相机、高度测量仪器、射线测量仪等其他载荷设备能够更全面监测行星的地形特征、物质结构等信息. 在上述行星观测的数据中, 目前深度学习方法中使用较多的是光学影像和数字高程模型. 下面我们主要以月球观测为例, 讨论相关研究中应用最多的数据类型及来源之一.

光学数据

月球侦查轨道器照相机 (Lunar Reconnaissance Orbiter Camera, LROC) 是月球轨道飞行器上携带的照相机, 包括一个广角照相机 (WAC) 和一个窄角照相机 (NAC), 通过这两个照相机可以完成对月球表面的多方位拍摄任务, 提供高空间分辨率的月球光学影像 (图 7.1). LROC 数据的在线获取地址为: http://wms.lroc.asu.edu/lroc/view_rdr/WAC_GLOBAL.

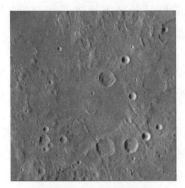

图 7.1 月球光学影像

数字高程模型

月球轨道飞行器激光测高仪 (Lunar Orbiter Laser Altimeter , LOLA) 是对整个月球的地形进行测量, 通过该数据制作的月球高程数字模型 DEM 保留了月球表面大量的地形信息 (图 7.2). LOLA 数据的在线获取地址为: https://pds-geosciences.wustl.edu/missions/lro/lola.htm.

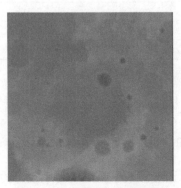

图 7.2 月球数字高程模型

7.2.2　撞击坑目录

对于深度学习方法来说, 标签数据, 亦即训练数据, 起着至关重要的作用. 模型训练的好坏很大程度上取决于标签数据的数量及其准确程度. 由于人类对于撞击坑的认知主要来源于经验和目视判读, 因此有关撞击坑的标签数据是非常稀少的. 但是在天文学家的努力下, 能够通过观测所获得的数据, 利用统计方法来对特征相对明显的撞击坑进行识别, 这就初步形成了较为可靠的撞击坑目录. 大部分研究人员都是基于撞击坑目录作为训练数据的标注信息. 在月球撞击坑目录中, Head 等 (2010) 采用的方法较为保守, 其识别的撞击坑大部分为直径较大且特征比较明显的, 识别撞击坑的数目较少但可信度较高, 但是目录中没有小直径的撞击坑, 这对于深度学习的应用极为不利. 于是在他们工作的基础上, Povilaitis 等 (2018) 主要关注具有较小直径的撞击坑的特征, 通过对其进行分析识别出了一定数量的小型撞击坑, 填补了 Head 等未涉及的撞击坑, 完善了目录. 因为上述两个目录之间存在的关系, 研究人员通常把这两个目录合在一起共同作为标记数据集. 但是在这两种月球撞击坑目录之外, 还存在相当一部分撞击坑未被标识出来 (Robbins et al., 2014). 为了满足深度学习的需求, Robbins 和 Stuart(Robbins et al., 2019) 提出了一个包含 200 万月球撞击坑的目录, 虽然其准确性相较其他目录有所下降, 但是完整程度相比于其他目录有了很大提高, 在面对样本量少的情况下, 该目录是一个很好的选择. 当然, 不同目录之间由于识别方法不同, 识别结果也存在很大差异, 因此在研究过程中应该根据任务和目标来确定合适的撞击坑目录, 表 7.1 列出了在撞击坑识别领域中深度学习方法使用较多的撞击坑目录:

表 7.1　撞击坑目录

目录	行星	直径范围/km	撞击坑个数	选用数据	发表时间
Head 等	月球	大于 20km	5185	DTM	2010
Povilaitis 等	月球	5—20km	22746	WAC DTM	2018
Robbins 和 Stuart	月球	大于等于 1km	大于 200 万	WAC DTM TC mosaics	2019
Robbins 和 Hynek	火星	大于等于 1km	384343	THEMIS Daytime IR planet-wide mosaicsI	2012

7.3　深度学习在撞击坑识别中的发展

7.3.1　撞击坑识别中的问题

尽管深度学习在影像识别领域中已经取得了较好的应用, 但在撞击坑识别中依然存在着很多问题需要解决, 特别是在数据、网络架构和泛化性等方面. 考虑到深空不同天体的撞击坑识别具有一定程度的相似性, 下文我们主要以月球撞击坑为例, 具体说明深度学习在撞击坑判读领域需要面对的难题.

7.3.1.1 数据问题

在基于深度学习方法的撞击坑识别中, 最常用的数据类型是光学影像和数字高程模型. 相较于一般影像, 这两类深空影像数据都有着自身的特点. 其中光学影像分辨率高, 并且能够保留目标的形态特征, 是使用次数最多的研究数据. 然而, 深空光学影像中由于没有差异性显著的地表附着物, 其地表外观的光谱特征是高度相似的. 而光照形成的阴影或光亮区域往往成为撞击坑识别的典型特征, 但由于在拍摄过程中光照角度的影响, 直接应用深层卷积神经网络的效果不佳, 其所提取的特征对于撞击坑与背景信息的可区分度不足. 数字高程模型是对光学影像数据的有力补充, 其包含大量的地形特征信息, 在近几年的深度学习方法中得到了研究人员的关注. 但由于其分辨率较低且可视性较弱, 如何将其与光学影像数据有机地协同是一个重要研究的问题. 综上, 充分根据深空数据的特点设计判读方法, 对于撞击坑的精确识别具有至关重要的影响.

深度学习在深空数据判读中面临的另一个问题是标签数据. 目前, 大部分研究人员在进行数据集的制作中倾向于选择早期发布的专家撞击坑目录, 比如 Head-Povilaitis 目录等. 但是在这些目录中依然存在着不少遗漏或者错判的撞击坑, 不完善的数据集会给网络训练带来难度甚至误导. 而较为完整的 Robbins 目录可靠性暂时难以得到验证, 并且其广泛的标注范围也大大增加了研究人员的工作量. 因此, 目前尚缺乏一个完整的撞击坑标签数据库. 如何提高撞击坑标签数据集的完整性、可靠性、可用性是制约撞击坑识别精度的一个关键因素.

7.3.1.2 特征提取问题

深度学习中通过多层的神经网络来提取目标的特征, 使得目标对象与背景信息在提取或学习的特征中有较为显著的差异, 亦即所谓的可分性. 对于撞击坑来说, 它的特征是复杂而多样的, 天体不同区域、不同年代的撞击坑的特征可能完全不同, 这给深度学习模型的特征学习带来了极大的考验.

具体而言, 不同尺度撞击坑的形貌特征存在差异. 撞击坑的直径可从几百米一直到几百千米, 在撞击坑的形貌特征分类研究中 (Head et al., 2010), 根据撞击坑的直径范围可分为简单撞击坑、复杂撞击坑以及撞击坑盆地, 其中简单撞击坑的直径一般在 15 千米以内, 呈碗状, 底部平坦, 边缘平滑; 复杂撞击坑直径在 15 至 100 千米之间, 边缘呈锯齿状, 中心区域出现突出的中央峰; 撞击坑盆地的直径则一般都大于 100 千米, 出现峰环, 且随着直径的增大, 盆地内部会出现多个峰环. 单从影像中看, 大直径的撞击坑与小直径的撞击坑是具有显著区分度的. 如何对多尺度不同类型的撞击坑进行准确区分对深度学习方法提出了很高要求.

不同区域的撞击坑其空间分布也具有很大差异, 撞击坑主要是由于小行星或陨石撞击而产生的, 其分布应为随机的. 但由于月球面向地球的一面发生过大规模的火山活动, 大多数的撞击坑包括撞击盆地因熔岩而被抹平, 形成了月海, 因此撞击坑呈现数量少且稀疏的特点. 而月球背面的撞击坑多被保留下来, 形成月陆, 呈现撞击坑数量多且密集的特点. 同时撞击坑之间也存在着不同的空间关系, 最多的是离散关系, 即独立互不影响的撞击坑, 这些撞击坑基本都为小型简单撞击坑; 其次是相交关系, 即多个撞击坑在不同程度上相邻甚至相交; 最后是包含关系, 即在大型撞击坑内部存在着多个小型撞击坑, 这通常是由于二次撞击或多次撞击造成的. 这些空间分布特征也为深度学习模型的识别造成极大的挑战.

深度学习中不同的网络架构对于目标的特征表示各不相同, 因此怎样设计适合深空遥感影像的深度学习网络架构, 来判读多尺度和不同空间分布的撞击坑特征是需要考虑的.

7.3.1.3 泛化性问题

在深度学习模型中最令人关注的问题之一就是模型的泛化能力, 即模型在训练集中取得的表现能否在测试集中达到同样精度, 尤其在撞击坑识别中, 我们更关注的是全月球的撞击坑分布识别. 但我们只能用部分区域对模型进行训练, 并希望训练好的模型能对全月的撞击坑进行自动提取. 因此如何使得模型克服不同区域的差异是一大难题, 同时在月球上的识别方法能否同步迁移到其他行星的撞击坑识别, 也是研究人员着重关注的问题.

7.3.2　撞击坑识别算法步骤

在应用深度学习对撞击坑进行自动识别过程中, 一般有三个步骤, 首先是对获取到的数据做一定的处理, 使其能够满足实验要求, 称之为数据预处理阶段; 其次是搭建深度卷积网络模型, 并对制作好的数据集进行训练, 即网络构建阶段; 最后是对模型的结果用一些辅助手段进行优化, 通常称之为后处理阶段, 其中在大部分深度学习的应用中, 第一步和第二步是必不可少的步骤.

7.3.2.1 数据预处理

在深度卷积神经网络中, 训练数据的好坏直接影响模型识别的效果, 但是来自行星表面的原始数据通常不适合直接作为模型的输入使用, 需要对其进行前期的处理才能达到识别的要求. 因此, 在这一阶段通常对获取的原始数据进行数据增强、几何变换等预处理, 然后再基于这些数据生成模型的训练数据集.

在对数据的预处理过程中, 常用的方法有多种. ①在月球光学影像中的高纬度区域存在的环形撞击坑会被拉伸成不规则形状, 出现影像失真的现象, 可以借助软件对原始影像进行坐标变换 (Cartopy), 并通过线性调整增强影像的对比度. ②一般情况下, 原始影像数据的尺寸较大, 受计算机硬软件设备的限制, 需要对这些影像进行下采样或者随机裁剪等方式减小输入影像的尺寸, 使其大小满足深度学习的要求. 在裁剪的过程中不可避免会出现信息的丢失, 为了尽可能保留撞击坑的完整信息, Lin 等 (2022) 提出了多尺度网格裁剪策略对数据进行分割, 起到了一定效果. ③在深度学习所使用的数据集中, 对于样本数据量也是有要求的, 但是由于人工制作数据集比较耗时耗力, 而且在制作撞击坑的标记数据时, 未必能将影像中出现的所有撞击坑全部标记出来, 这会造成标记数据集的不完整. 为减小误差, 研究人员也会利用一些辅助工具来达到增大样本数据量的作用, 比如 Lu 等 (2021) 通过构建辅助网络来帮助提升 LabelMe 软件的标记效率; Zang 等 (2021) 使用改进的自训练算法 (TTSN), 尽可能地寻找标记数据集中缺失的撞击坑, Hsu 等 (2021) 使用霍夫变换的方法探测撞击坑目录中未被标记的撞击坑.

7.3.2.2 网络构建

在网络构建部分, 当前的撞击坑识别方法主要分为两类: 一类是语义分割方法, 其需要识别撞击坑在影像中所占据的每一个像素, 并将其与背景区分开来; 另一类是目标检测方法, 其需输出撞击坑所在位置的边界框及类别.

- 语义分割方法

语义分割方法来源于全卷积神经网络端到端的思想, 这一方法的精度已经在大型数据集上得到了验证, 尤其是在其基础上提出的 UNet 网络在生物细胞的分割识别上的优异表现促使研究人员将语义分割方法应用在撞击坑识别领域上. Silburt 等 (2019), Lee(2019) 等一些学者通过使用简单的 UNet 网络架构分别对月球和火星撞击坑进行了判别; DeLatte 等 (2019) 通过讨论卷积核尺寸和数量对撞击坑的识别影响, 最后采用 UNet 为基础架构对火星撞击坑进行了识别. 这些方法的识别效率相较于人工判读方法有了很大提高, 但都面临着相同的问题, 即简单的网络架构不能有效地提取撞击坑的特征, 难以精确识别具有复杂结构的撞击坑. 因此一些研究人员在他们工作的基础上对 UNet 网络进行改进 (Lee and Hogan, 2021; Wang, et al., 2020), 加入残差结构来增强网络特征提取能力, 通过复杂的网络架构来提高模型的网络容量, 使其能够学习到不同类型撞击坑的更多特征, 以此达到对复杂撞击坑更精确的识别效果.

上述方法提高了识别精度, 但大大增加了模型的体量, 对计算能力有较高的要求, 限制了模型的应用. 因此, Wu 等 (2021) 通过对残差 UNet 网络进行优化,在保持精度的同时实现了对模型的精简, 使基于深度学习的撞击坑识别算法更容易向资源受限的平台推广. 此外, Mao 等 (2022) 通过构建双路径卷积神经网络, 分别提取光学影像与 DEM 影像的特征并将其融合, 突破了单一数据源可能会存在特征信息提取不充足的问题, 加强了网络模型的泛化性和稳健性. 这些识别方法对于直径较大的撞击坑有很好的效果, 但是难以区分直径很小或者相互重叠的撞击坑, 为了对这些撞击坑进行准确识别, 还有一些研究人员在基础网络基础上加入了注意力机制 (Attention), 增强模型对这一部分的撞击坑的学习能力 (Jia et al., 2021).

- 目标检测方法

目标检测方法来源于区域卷积网络的思想. 在撞击坑识别过程中, 由于主要的目的是确定撞击坑的位置及轮廓, 这与目标检测的目的一致; 而且目标检测方法的检测速度相比分割任务要快很多, 因此也有很多研究人员使用目标检测模型来识别撞击坑. 常见的目标检测模型根据训练步骤可分为单阶段检测和两阶段检测, 其中单阶段检测训练速度相对迅速, 两阶段检测对于目标的预测较为准确, 为保证识别精度, 在撞击坑识别领域中两阶段检测算法的应用较多.

较早将目标检测方法应用到撞击坑识别的是 Emami 等 (2018), 该工作通过使用经典目标检测模型 Faster R-CNN 对月球撞击坑进行识别, 取得了较好的表现. 但是 Faster R-CNN 网络在提取特征时, 只利用最后的深层特征进行检测, 这使得很多细节信息被忽略, 并且导致了较小尺寸的撞击坑检测性能较差. 在目标检测中这种多尺度问题很常见, Lin 等 (2017) 为解决该问题提出了一种可同时保留深层特征和浅层特征的模型——特征金字塔网络 (Feature Pyramid Networks, FPN), 在多尺度目标检测中取得了较好的效果. Hsu 等 (2021) 利用 FPN 网络提取了不同尺度火星撞击坑的多层次语义信息, 并生成了相应的特征图, 同时利用霍夫变换将空间分布等先验知识用来初步定位撞击坑的所在位置, 最后采用比例尺寸感知分类器 (The Scale-aware Classifier) 代替原 Faster R-CNN 中的分类器, 使得检测模型在学习特征时更加关注撞击坑的尺寸, 不仅有助于解决撞击坑多尺度带来的问题, 并且有效避免了将非撞击坑识别为撞击坑的现象. 而之后提出的实例分割模型 Mask R-CNN 网络 (He et al., 2017) 在 Faster R-CNN 网络的基础上, 加入 FPN 模块, 使模型能够保留更多细节信息, 提高了对小型撞击坑的检测效果. Ali-Dib 等 (2020), Zang 等 (2021) 使用该模型在识别月球撞击坑上均取得了不错表现.

基于单阶段目标检测模型的研究应用关注于 YOLO 模型及其优化模型, 目前已经有多个版本, 研究人员也将其应用到了撞击坑的自动识别领域, 达到了较为精确的结果 (Benedix et al., 2019, 崔兴立等, 2021). Lin 等 (2022) 将单阶段检测与两阶段检测方法的代表模型 (Faster R-CNN、Faster R-CNN + FPN、Cascade R-CNN、SSD、RetinaNet、YOLOv3、FoveaBox、FCOS、RepPoints) 在相同条件下进行实验, 验证了两阶段模型识别效果相对更准确.

7.3.2.3 后处理

在前期数据处理阶段中对影像进行的裁剪旋转等操作, 在卷积模型输出结果时往往会影响撞击坑位置和尺寸的精度, 不利于对天体形貌进行后续研究. 因此在网络训练之后, 学者也提出了模板匹配 (Lee, 2019; DeLatte et al., 2019; Wu et al., 2021; Mao et al., 2022)、非极大值抑制 (Lin et al., 2022)、霍夫变换 (Hsu et al., 2021) 等方法对模型的输出结果进行后处理, 以得到撞击坑更精确的定位.

7.3.3 撞击坑识别算法效果对比

撞击坑识别算法发展到现在已经有四十多年的历史, 从刚开始的人工识别到统计学方法识别, 再到如今深度学习的应用, 识别的数量从几百个到几万个, 识别的范围从几百米到几十千米, 识别区域从局部到全月球, 一步步提高了人们对撞击坑的了解程度和天体形貌的整体认知. 但是仍然存在很多未知的撞击坑等着我们去探索, 如今基于深度学习的方法极大促进了撞击坑识别的发展, 但是这些深度学习方法的侧重点各有不同, 识别的效果也有差异. 因此, 有必要对这些识别方法的精度进行对比, 凸显各个方法的特点.

7.3.3.1 基于语义分割的撞击坑识别

作者	识别范围	选用数据	识别方法	撞击坑目录	召回率	精度	F_1
Silburt 等	纬度: ±60° 纬度: ±180°	DEM	UNet+ 模板匹配 (DeepMoon)	H-P	57%±20%	80%±15%	
Lee 等	火星	DTM+IR	ResNet	R-H	70	83	76
Wang 等	纬度: ±60° 纬度: ±180°	DEM	ERU-Net+ 模板匹配	H-P	81.2	75.4	
Wu 等	纬度: ±60° 纬度: ±180°	DEM	PRUNET+ 模型 Pruning+ 模板匹配	H-P	81.95	83.03	81.40
Mao 等	纬度: ±60° 纬度: ±180°	DEM+WAC	Dual-Path ResU-Net+ 注意力机制	H-P	85.0	81.4	82.1
Jia 等	纬度: ±60° 纬度: ±180°	DEM	UNet++、注意力机制 (NAU-Net)	H-P	79.11	85.65	

7.3.3.2　基于目标检测的撞击坑识别

作者	识别范围	选用数据	识别方法	撞击坑目录	召回率	精度	F_1
杨晨等	纬度:±65° 纬度:±180°	DEM+DTM	Faster RCCN+迁移学习	International Astronomical Union	94.71		
Jia 等	纬度:±65° 纬度:±180°	DEM+DTM	SCNeSt+FPN+迁移学习	International Astronomical Union	90.1	92.7	91.3
Hsu 等	火星	Mosaic	CHT+FPN+scale-aware classifier	R-K	86.62	84.50	
AliDib 等	纬度: ±60° 纬度: ±180°	DEM	Mask rcnn	H-P	85.1	40.2	54
Zang 等	Highland, Maria, equatorial, high-latitude	DOM	TTSN+Mask rcnn		63.5	90.5	74.7
崔兴立等	南极–艾特肯盆地	DEM	YOLO v5	Robbins	95	96	95

7.4　经典语义分割网络实验介绍——以 UNet 为例

在 7.3 节中, 介绍了撞击坑识别领域的一些研究工作. 在本节中, 以语义分割中的典型方法为例, 月球撞击坑识别为对象, 详细介绍了如何使用深度学习来对撞击坑进行识别, 主要内容包括数据集的准备、实验平台的介绍、预测结果的评价等内容.

7.4.1　数据集准备

在月球撞击坑的识别中, 应用较为广泛的数据有 LROC 的可见光影像和以 LOLA 为基础制作的数字高程模型, 亦即嫦娥探月工程所获得的影像数据. 这些数据通常是经过处理后生成的全月球数据, 根据任务需求的不同可以选择不同分辨率的产品. 在本节中, 统一选取 LROC 和 LOLA 的全月数据作为实验数据 (由于月球极地区域的形貌特征与中低纬度区域的特征存在差异, 在研究中通常将其区分开来, 分别进行研究. 本节研究对象主要是月球 60° S 到 60° N 的中低纬度撞击坑, 虽然上述影像不包含月球极地区域, 但依惯例也称之为全月影像), 其中光学影像和数字高程模型的分辨率都为 118m (256 像素/度), 全图大小为 90810× 30270, 原始数据如图 7.3 和图 7.4 所示.

在获得上述数据后, 由于数据大小、影像格式等各种因素的限制, 不能直接使用这些原始数据进行网络训练, 需要对其进行前期的预处理, 将数据转化为满足实验要求的数据集格式, 具体步骤如下.

图 7.3 全月光学影像 (60° S – 60° N, 0° E – 360° E)

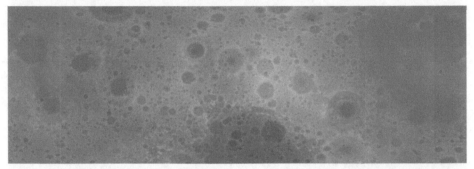

图 7.4 全月数字高程影像 (60° S – 60° N, 0° E – 360° E)

(1) 影像格式转化: 下载的光学影像的数据格式为 tif, 字节位深为 8bit/pixel, 数字高程模型的数据格式为 JPEG2000, 字节位深为 16bit/pixel, 为了方便训练, 本节实验将数据格式统一转化为 png、24bit/pixel(其中 RGB 三通道的值相同).

(2) 制作标签数据: 在文献 (Silburt et al., 2019) 中, 根据 Head-Povilaitis 目录提供的撞击坑经纬度和直径信息, 采用带宽为 1 像素的圆环圈出每一个撞击坑的范围, 并以此作为实验的目标 (Targets). 但由于语义分割需要逐像素地识别撞击坑区域, 因此, 在本节的实验中选择用实心圆来对撞击坑进行填充, 并以此生成标签数据. 此外, Head 目录中存在大小不同的撞击坑, 在数据标注时存在大型撞击坑会覆盖掉小型撞击坑的情况, 不利于网络进行训练. 为了方便实验的演示, 本节实验只对小型撞击坑进行识别, 即单独使用 Povilaitis 目录标注, 需要注意的是, Povilaitis 目录的经度信息是 [−180° E, 180° E]. 在训练过程中, 标签数据通常采用掩膜格式, 将撞击坑的像素值设为 0, 将背景设置为 1, 将撞击坑识别作为二分类问题进行训练. 全月光学影像与数字高程模型的标注结果如图 7.5 至图 7.8 所示, 撞击坑目录信息及标记数据如表 7.2 所示.

(3) 裁剪数据: 由于训练数据的大小对于实验设备具有很高的要求, 过大的影像尺寸无法进行训练, 而过小的尺寸会导致撞击坑无法完整出现在训练影像中, 出现信息缺失的问题, 制约网络模型的准确性. 在综合考虑这两种情况下, 本节将光

学影像和数字高程模型的训练数据大小设置为 512× 512, 步长为 256 的滑动窗口
进行裁剪, 这样既能保证实验的顺利进行, 同时由于撞击坑直径都小于 20km, 也
可以保证大部分撞击坑都能够较为完整地出现在裁剪影像中, 避免出现信息丢失
问题. 基于上述过程, 光学影像集和数字高程模型集共得到了 42483 张影像, 其中
以 0° E—120° E 区域的数据作为训练集, 120° E—240° E 区域的数据作为验证
集, 240° E—360° E 区域的数据作为测试集.

表 7.2   Povilaitis 目录部分信息展示

经度	纬度	直径/km
103.6488082	−58.91530643	7.480187116
109.0855325	−58.96139664	6.78710964
113.4391368	−59.7910204	7.143312908
119.8015061	−58.94987409	13.77803695
· · ·	· · ·	· · ·

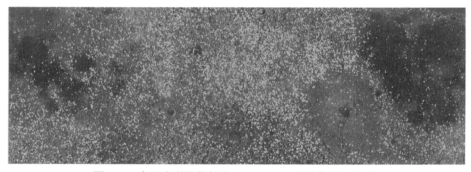

图 7.5   全月光学影像标注 (Povilaitis 目录撞击坑分布)

图 7.6   局部区域展示

图 7.7 全月数字高程模型标注 (Povilaitis 目录撞击坑分布)

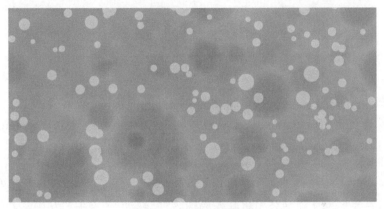

图 7.8 局部区域展示

7.4.2 实验流程介绍

深度学习模型 UNet 网络在影像语义分割领域取得了广泛应用, 故本节实验选用 UNet 网络作为深度学习在撞击坑识别应用中的代表, 其网络架构如图 7.9 所示.

本节的 UNet 网络依然采用编码器–解码器结构, 网络深度为五层, 左侧为编码器, 右侧为解码器, 每一层都进行两次卷积模块操作, 第一个卷积模块的卷积核大小为 3×3, 步长为 1, 填充为 1, 卷积核个数翻倍; 第二个卷积模块卷积核个数与第一个相同, 激活函数为 ReLU 函数, 同时为了加快网络收敛速度, 在激活函数前加入批归一化 (Batch Normalization) 方法. 在编码器部分的卷积核个数分别为 64, 128, 256, 512, 解码器部分的个数为 512, 256, 128, 64, 其中最底部的卷积核个数为 1024. 在下采样过程中, 使用最大池化来缩小特征图大小, 减少网络参数量, 在上采样阶段, 使用插值上采样的方法恢复特征图大小, 并通过跳跃连接与在同一层编码器得到的特征图进行拼接, 使网络能够保留原图更多特征信息. 同时, 在网络中使用 Dropout 策略避免模型出现过拟合、使用交叉熵损失函数 (Cross

Entropy Loss) 计算损失, 并通过反向传播更新参数, 最后用 Sigmoid 函数将预测结果进行输出.

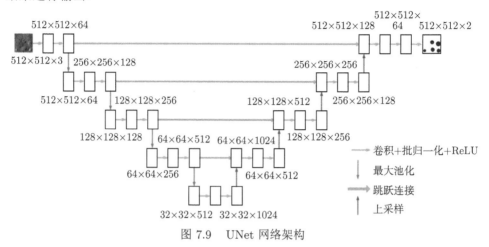

图 7.9　UNet 网络架构

实验选用的测试平台为商汤科技提供的开源项目——OpenMMLab, 其中包含了众多基于 PyTorch 框架的工具包, 如语义分割工具包 MMSegmengtation、目标检测工具包 MMDetection、影像分类工具包 MMClassification 等, 同时其内置有多种算法和预训练模型, 给研究人员的研究工作带来了极大便利. 目前该项目已经在工业界和学术界被广泛应用, 从 2019 年起, 谷歌学术引用已超一千次, 腾讯、阿里等多家互联网公司将其作为训练框架应用到相关产品中, 其成熟性和可靠性已经得到充分认可, 本次实验就是基于该项目中的 MMSegmentation 工具包进行的, 实验设备及参数设置如表 7.3 所示.

表 7.3　实验设备、环境配置及超参数设置

实验设备	GPU	一块 NVIDIA RTX 3090 显卡 (内存 24G)
环境配置	Cuda、cudnn	11.1, 8.0.5
	Python、PyTorch	3.8, 1.8.0
	MMSegmentation、MMCV	0.17, 1.3.8
超参数设置	batch size	4
	optimizer	Adam(learningrate=0.0001, momentum=0.1)
	Dropout	0.1
	Epoch	100

7.4.3　实验结果分析

我们选用召回率、精确度和 F_1 分数作为实验评价指标, 分别以光学影像 (WAC-UNet) 和数字高程模型 (DEM-UNet) 进行训练, 通过与经典方法 DeepMoon (Silburt et al., 2019) 的实验结果进行对比, 来验证说明 Unet 方法的准确性, 结果如表 7.4 和表 7.5, 以及图 7.10 所示.

表 7.4 实验结果

	方法	定量指标	Val	Test
深度学习	WAC-UNet	Recall	—	55%
		Precision	—	86%
		F_1 score	—	67%
	DEM-UNet	Recall	—	66%
		Precision	—	78%
		F_1 score	—	72%
	DeepMoon	Recall	56%	57%
		Precision	81%	80%
		F_1 score	66%	67%

表 7.5 预测结果分析

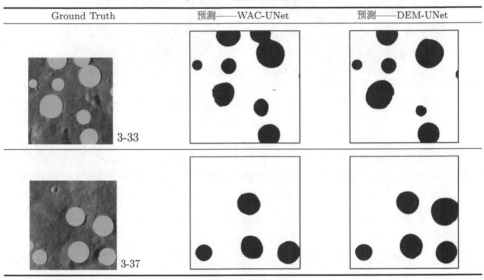

本节的实验是深度学习方法在月球撞击坑中的语义分割和识别. 通过使用高分辨率的月球表面卫星照片以及数字高程模型, 借助 UNet 方法来自动识别并提取月球撞击坑. 实验结果显示在小型撞击坑的识别上, 无须进行复杂的数据预处理就能够达到一个较好的精度, 不足之处在于受训练数据大小的制约, 难以识别直径较大的撞击坑. 同时, 单独的光学影像或数字高程模型的总体识别效果具有一定程度的差异, 在同等条件下数字高程模型作为训练数据具有更高的精度. 但是, 在识别过程中, 光学影像和数字高程模型都存在着自身的优势, 比如在相互叠加的撞击坑识别中, 光学影像的效果更好; 在复杂撞击坑的检测中, 数字高程模型的效果更好. 而同时结合两者的优点, 往往可以更好地提升撞击坑识别精度.

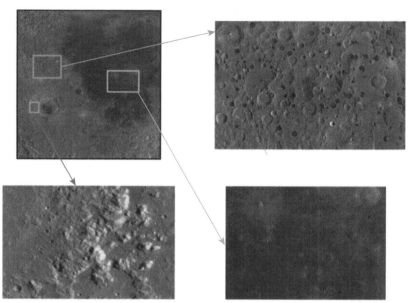

图 7.10   光学图像测试区域识别结果以及局部放大图 (青色表示正确识别的撞击坑; 蓝色表示
该识别但未识别出的撞击坑; 黄色表示撞击坑目录不存在但识别出的撞击坑, 以 Povilaitis 目
录为 Ground Truth)

　　从总体测试结果中可以看出, 目录中包含的大部分小型撞击坑能够被训练的
模型识别出来, 识别精度可以达到初步的预期效果. 但在具体的细节方面仍具有
很多值得探讨的地方, 比如在光学图像识别中分布较为稀疏的区域 (橙色方框),
撞击坑能够被很好地检测出来, 但是在分布较为集中的区域 (蓝色方框), 距离相
近的撞击坑在训练过程中的学习效果不佳, 很大一部分撞击坑没有被检测到, 同
时模型对于地势复杂区域 (绿色方框) 存在的撞击坑具有一定的敏感度, 在常规的
手段 (比如专家识别) 难以识别的区域有较大的潜力, 对于寻找一些人类尚未发现
的撞击坑具有一定研究价值.

7.4.4   部分实验 Python 代码

7.4.4.1   制作数据集——以光学图像示例

　　(1) 转换图像数据格式.

```
# 光学图像转换数据格式
import os
os.environ["OPENCV_IO_MAX_IMAGE_PIXELS"] = pow(2,80)._str_()
import cv2
img = cv2.imread("./文件名.tif")
cv2.imwrite("./文件名.png", img)
```

```
# 数字高程模型图像8位转换为24位
import PIL.Image as Image
from PIL import ImageFile
ImageFile.LOAD_TRUNCATED_IMAGES = True
Image.MAX_IMAGE_PIXELS = None
import os
def convert(path):
    files = os.listdir(path)
    for i in files:
        files = os.path.join(path, i)
        img = Image.open(files).convert('RGB')
        dirpath = save_path
        file_name, file_extend = os.path.splitext(i)
        dst = os.path.join(os.path.abspath(dirpath), file_name + '.
            png')
        img.save(dst)
path='./8_png/'  # 存放8位图像路径
save_path='./24_png/' # 存放24位图像路径
convert(path)
```

(2) 生成全月图像.

```
# 八块子区域按经纬度[0°E-360°E]拼接为全月图像
import os
import PIL.Image as Image
from PIL import ImageFile
ImageFile.LOAD_TRUNCATED_IMAGES = True
Image.MAX_IMAGE_PIXELS = None
image_path = './image/' # 八张子图的路径
image_format = ['.png', '.PNG']
image_w = 23040  # 每张子图的宽
image_h = 15360  # 每张子图的高
image_row = 2  # 共有几行
image_col = 4  # 共有几列
image_save = './quanyue_wac.png'  # 全月图像
image_names = [name for name in os.listdir(image_path) for item in
    image_format if os.path.splitext(name)[1] == item]#
获取图片集地址下的所有图片名称


# 定义图像拼接函数
def image_pinjie():
```

```
    to_image = Image.new('RGB', (image_col * image_w, image_row *
        image_h))
for y in range(1, image_row + 1):
    for x in range(1, image_col + 1):
        from_image = Image.open(image_path + image_names[
            image_col * (y - 1) + x - 1])
        to_image.paste(from_image, ((x - 1) * image_w, (y - 1) *
            image_h))
return to_image.save(image_save)
# 调用函数
image_pinjie()
```

(3) 制作全月标签数据.

```
# 根据撞击坑目录制作标记数据，并根据目录信息将图像中的撞击坑使用圆进
    行填充覆盖
import os
os.environ["OPENCV_IO_MAX_IMAGE_PIXELS"] = pow(2,40)._str_()
import pandas as pd
import cv2
from PIL import Image
```

```
# 读入撞击坑目录
data = pd.read_csv('./Povilaitis.csv')
data_lon = data['Lon'] # 提取经度信息
data_lat = data['Lat'] # 提取纬度信息
data_Diam = data['Diam_km']/2 # 提取撞击坑半径信息
data_lon_list = data_lon.values.tolist()
data_lat_list = data_lat.values.tolist()
data_Diam_list = data_Diam.values.tolist()
```

```
# 生成标签数据
img = Image.new('L',(92160,30720),color=1)
img.save('./mask.png')
img = cv2.imread('./mask.png',0)
for i in range(len(data_Diam_list)):
    height = int((data_lat_list[i]-60)/(-120)*30720)
    if data_lon_list[i] >= 0:
        data_lon_list[i] = data_lon_list[i]
    else:
        data_lon_list[i] = data_lon_list[i]+360
    width = int((data_lon_list[i]/360)*92160)
```

```
    D = int(data_Diam_list[i]/0.11845)
    cv2.circle(img,(width,height),D,0,-1)
cv2.imwrite('./label_mask.png',img)
```

```
# 将全月图像按经度平均划分为训练集、验证集、测试集
import PIL.Image as Image
from PIL import ImageFile
ImageFile.LOAD_TRUNCATED_IMAGES = True
Image.MAX_IMAGE_PIXELS = None
```

(4) 划分训练集、验证集、测试集.

```
# 将全月图像按经度平均划分为训练集、验证集、测试集
import PIL.Image as Image
from PIL import ImageFile
ImageFile.LOAD_TRUNCATED_IMAGES = True
Image.MAX_IMAGE_PIXELS = None
def image_cut(image, number):
    image_w, image_h = image.size
    item_width = int(image_w/number)
    item_height = image_h
    a_list = []
    for i in range(0, count):
        b = (i * item_width, 0, (i + 1) * item_width, item_height)
        a_list.append(box)
    image_list = [image.crop(b) for b in a_list]
    return image_list
def image_save(image_list):
    index = 1
    for image in image_list:
        image.save(r'./label_Povilaitis_'+ str(index) + '.png', 'PNG
            ')
        index += 1
if __name__ == "__main__":
file_path = "./label_Povilaitis.png"   # 待分割图像路径
image = Image.open(file_path)  # 读入图像
image_list = image_cut(image, 3)  # 将图像均分为三份
```

(5) 数据裁剪.

```
# 将数据裁剪为512*512大小
from PIL import Image
from PIL import ImageFile
```

```
ImageFile.LOAD_TRUNCATED_IMAGES = True
Image.MAX_IMAGE_PIXELS = None
def image_crop(image):
    image_w, image_h = image.size
    w = 512
    index = 1
    i = 0
    while (i + w <= image_h):
        j = 0
        while (j + w <= image_w):
            new_image = img.crop((i, j, i + w, j + w))
            new_image.save(r'.\image_1_' + str(index) + '.png')
            index += 1
            j += 512
        i += 512
if _name_ == "_main_":
    file_path = r'.\label_1_gray.png' #待处理图像
    image = Image.open(path) #读入图像
    image_crop(image)
```

7.4.4.2 训练模型——以 MMSegmentation 示例

训练数据

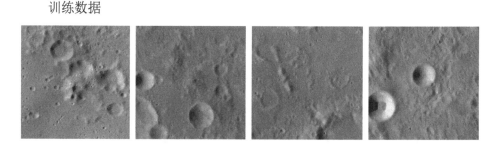

标签数据

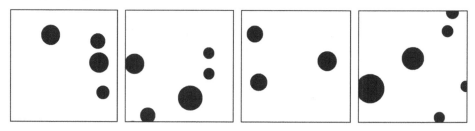

训练模型: UNet(网络架构请参见图 7.7, 参数设置请参加表 7.3);

输出: 已训练好的模型.

7.4.4.3 生成测试结果

(1) 利用已训练模型对测试集进行预测, 预测结果如下:

输入数据

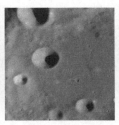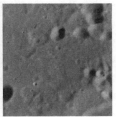

光学图像预测结果

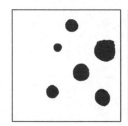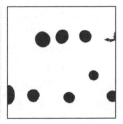

数字高程模型预测结果

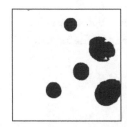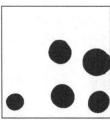

(2) 将测试结果拼接成整图并生成最终识别结果:

```
import os
os.environ["OPENCV_IO_MAX_IMAGE_PIXELS"] = pow(2,40).__str__()
import pandas as pd
import cv2
import numpy as np
import PIL.Image as Image
```

```python
from PIL import ImageFile
ImageFile.LOAD_TRUNCATED_IMAGES = True
Image.MAX_IMAGE_PIXELS = None
img = cv2.imread('./quanyue_wac.png')
data = pd.read_csv('./20km.csv')
data_lon = data['Lon']
data_lat = data['Lat']
data_Diam = data['Diam_km']/2
data_lon_list = data_lon.values.tolist()
data_lat_list = data_lat.values.tolist()
data_Diam_list = data_Diam.values.tolist()
zeros1 = np.zeros((img.shape), dtype=np.uint8)
i = 0
for i in range(len(data_Diam_list)):
    height = int((data_lat_list[i]-60)/(-120)*30720)
    if data_lon_list[i] >= 0:
        data_lon_list[i] = data_lon_list[i]
    else:
        data_lon_list[i] = data_lon_list[i]+360
    width = int((data_lon_list[i]/360)*92160)
    D = int(data_Diam_list[i]/0.11845)
    zeros_mask=cv2.circle(zeros1,(width,height),D,(255,0,0),-1)
try:
    alpha = 0.6
    beta = 0.6
    gamma = 0
    mask_img = cv2.addWeighted(img, alpha, zeros_mask, beta, gamma)
        cv2.imwrite('./label_quanyuewac_r20_mask.png', mask_img)
except:
    print('异常')
```

参 考 文 献

陈伟涛, 闫柏琨, 张志. 2009. 基于嫦娥一号 CCD 数据空间特征的特定目标识别. 国土资源遥感, (4): 40-44.

崔兴立, 丁忞, 王冠. 2021. 基于卷积神经网络的月球南极–艾特肯盆地撞击坑自动识别及中型撞击坑绝对模式年龄估算. 南京大学学报 (自然科学), 57(6): 905-915.

丁萌, 曹云峰, 吴庆宪. 2009. 基于 Census 变换和 Boosting 方法的陨石坑区域检测. 南京航空航天大学学报, 41(5): 682-687.

冯军华, 崔祐涛, 崔平远, 等. 2010. 行星表面陨石坑检测与匹配方法. 航空学报, 31(9): 1858-1863.

李德仁. 2011. 地球空间信息学的使命. 科技导报, 29(29): 3.

刘建忠, 欧阳自远, 邹永廖. 2013. 国际深空探测发展趋势与主要科学问题. 太原: 中国宇航学会深空探测技术专业委员会第十届学术年会.

刘宇轩, 刘建军, 牟伶俐, 等. 2012. 撞击坑识别方法综述. 天文研究与技术, 9(2): 203-212.

欧阳自远. 2005. 月球科学概论. 北京: 中国宇航出版社.

王栋, 徐青, 邢帅, 等. 2015. 小行星形貌特征的分析与描述. 深空探测学报, 2(4): 358-364.

王娇, 周成虎, 程维明. 2017. 全月球撞击坑的空间分布模式. 武汉大学学报·信息科学版, 42(4): 512-519.

王雷光, 郑晨, 林立宇, 等. 2011. 基于多尺度均值漂移的高分辨率遥感影像快速分割方法. 光谱学与光谱分析, (1): 177-183.

新华网. 2020. 我国首次火星探测任务 "天问一号" 探测器成功发射. https://news.cctv.com/2020/07/23/ARTI24QNsfa1pXtUwX5JHeQS200723.shtml.

徐伟彪, 赵海斌. 2005. 小行星深空探测的科学意义和展望. 地球科学进展, 20(11): 1183-1190.

岳宗玉, 刘建忠, 吴淦国. 2008. 应用面向对象分类方法对月球撞击坑进行自动识别. 科学通报, 53(22): 2809-2813.

张翔, 季江徽. 2014. 近地小行星地基雷达探测研究现状. 天文学进展, 32(1): 24-38.

章毓晋. 2012. 影像工程. 3 版. 北京: 清华大学出版社.

周志华. 2016. 机器学习. 北京: 清华大学出版社.

Ali-Dib M, Menou K, Jackson A P, et al. 2020. Automated crater shape retrieval using weakly-supervised deep learning. ICARUS, 345: 113749.

Andersson L B, Whitaker E A. 1982. Nasa Catalogue of Lunar Nomenclature. Washington: National Aeronautics and Space Administration, Scientific and Technical Information Branch.

Aydav P S S, Minz S. 2014. Generalized fuzzy c-means with spatial information for clustering of remote sensing images. International Conference on Data Mining and Intelligent Computing (ICDMIC), New Delhi, INDIA.

Barata T, Alves E I, Saraiva J, et al. 2004. Automatic recognition of impact craters on the surface of Mars. Lecture notes in computer science, 3212: 486-496.

Barlow N G. 1988. Crater size-frequency distributions and a revised Martian relative chronology. ICARUS, 75: 285-305.

Benedix G K, Lagain A, Chai K, et al. 2019. Deriving surface ages on Mars using automated crater counting. Earth and Space Science, 7(3): 1005.

Besag J. 1986. On the statistical analysis of dirty pictures. Journal of the Royal Statistical Society Series B: methodological, 48(3): 259-302.

Binzel R P, Rivkin A S, Bus S J, et al. 2001. MUSES-C target asteroid (25143) 1998 SF36: a reddened ordinary chondrite. Meteoritics & Planetary Science, 36(8): 1167-1172.

Blanco-Cano X, Omidi N, Russell C T. 2003. Hybrid simulations of solar wind interaction with magnetized asteroids: Comparison with Galileo observations near Gaspra and Ida. Journal of Geophysical Research-Planets, 108, A5: 1216.

Blansche A, Gancarski P, Korczak J J. 2006. MACLAW: A modular approach for clustering with local attribute weighting. Pattern Recognition Letters, 27(11): 1299-1306.

Bruzzone L, Lizzi L, Marchetti P G. 2004. Recognition and detection of impact craters from eo products. Proceedings of ESA-EUSC 2004—Theory and Applications of Knowledge-Driven Image Information Mining with Focus on Earth Observation, Madrid.

Bu Y L, Tang G S, Yang C. 2014. Study of Toutatis imaging illumination and integrity based on Chang-E II flyby navigation relation. China Satellite Navigation Conference (CSNC) 2014 Proceedings. Lecture Notes in Electrical Engineering, Nanjing, China.

Bu Y L, Tang G S, Di K C, et al. 2015. New insights of asteroid 4179 Toutatis using China Chang'E-2 close flyby optical measurements. The Astronomical Journal, 149: 21.

Bue B D, Stepinski T F. 2007. Machine detection of martian impact craters from digital topography data. IEEE Transactions on Geoscience and Remote Sensing, 45(1): 265-274.

Burl M C, Stough T, Colwell W, et al. 2001. Automated detection of craters and other geological features. Proceedings of 6th international symposium on artificial intelligence, Robotics, and Automated in Space, Montreal.

Canny J F. 1986. A computational approach to edge detection. IEEE Transactions on Pattern Analysis and Machine Intelligence, 8(6): 679-698.

Capaccioni F, Coradini A, Filacchione G, et al. 2015. The organic-rich surface of comet 67P/Churyumov-Gerasimenko as seen by VIRTIS/Rosetta. Science, 347(6220): aaa0628.

Carpenter D L. 1963. Whistler evidence of a "knee" in the magnetospheric ionization density profile. Journal of Geophysical Research, 68: 1675-1682.

Carpenter D L. 1966. Whistler studies of the plasmapause in the magnetosphere, 1: Temporal variations in the position of the knee and some evidence on plasma motions near the knee. Journal of Geophysical Research, 71: 693-709.

Chapman C R. 1997. Gaspra and ida: Implications of spacecraft reconnaissance for NEO issues. International Conference on Near-Earth Objects, Annals of the New York Academy of Sciences, New York, America.

Chen B, Song K F, Li Z H, et al. 2014a. Development and calibration of the moon-based EUV camera. Research in Astronomy and Astrophysics, 14(12): 1654-1663.

Chen H Z, Jing N, Wang J, et al. 2014b. A novel saliency detection method for lunar remote sensing images. IEEE Geoscience and Remote Sensing Letters, 11(1): 24-28.

Cheng Y. 1995. Mean shift, mode seeking, and clustering. IEEE Transactions on Pattern Analysis and Machine Intelligence, 17(8): 790-799.

Chiu Y T, Luhmann J G, Ching B K, et al. 1979. An equilibrium model of plasmaspheric composition and density. Journal of Geophysical Research, 84(A3): 909-916.

Clark B E, Helfenstein P, Bell J F, et al. 2002. NEAR infrared spectrometer photometry of asteroid 433 Eros. ICARUS, 155(1): 189-204.

Comaniciu D, Meer P. 2002. Mean shift: A robust approach toward feature space analysis. IEEE Transactions on Pattern Analysis and Machine Intelligence, 24(5): 603-619.

Cortes C, Vapnik V. 1995. Support-vector networks. Machine Learning, 20(6): 273-297.

Davies J K, Harris A W, Rivkin A S, et al. 2007. Near-infrared spectra of 12 near-earth objects. ICARUS, 186: 111-125.

Davis M W, Gladstone G R, Goldstein J, et al. 2013. An improved wide-field camera for imaging Earth's plasmasphere at 30.4 nm. Proc. Conference on UV, X-Ray, and Gamma-Ray Space Instrumentation for Astronomy XVIII, San Diego, CA.

de Keyser J, Carpenter D L, Darrouzet F, et al. 2009. CLUSTER and IMAGE: New ways to study the Earth's plasmasphere. Space science reviews, 145(1-2): 7-53.

Deans S R. 1981. Hough transform from the radon transform. IEEE Transactions on Pattern Analysis and Machine Intelligence, 3(2): 185-188.

DeLatte D M, Crites S T, Guttenberg N, et al. 2019. Segmentation convolutional neural networks for automatic crater detection on mars. IEEE Journal of Selected Topics in Applied Earth Observations and Remote Sensing, 12(8): 2944-2957.

Delbo M, Ligori S, Matter A, et al. 2009. First VLTI-MIDI direct determinations of asteroid sizes. Astrophysical Journal, 694(2): 1228-1236.

Dempster A P, Laird N M, Rubin D B. 1977. Maximum likelihood from incomplete data via the EM algorithm. Journal of the Royal Statistical Society Series B, 39(1): 1-38.

Dent Z C, Mann L R, Menk F W, et al. 2003. A coordinated ground-based and IMAGE satellite study of quiet-time plasmaspheric density profiles. Geophysical Research Letters, 30(12): 327-335.

Derin H, Cole W S. 1986. Segmentation of textured images using Gibbs random fields. Computer Vision, Graphics and Image Processing, 35: 72-98.

Derin H, Elliott H. 1987. Modeling and segmentation of noisy and textured images using gibbs random fields. IEEE Transactions on Pattern Analysis and Machine Intelligence, 9(1): 39-55.

Earl J, Chicarro A, Koeberl C, et al. 2005. Automatic recognition of craterlike structures in terrestrial images. 3rd ESA CHRIS/Proba Workshop, Frascati, Italy.

Emami E, Ahmad T, Bebis G, et al. 2018. Lunar crater detection via region-based convolutional neural networks. 49th Lunar and Planetary Science Conference, 2083: 19-23.

Farrugia C J, Geiss J, Young D T, et al. 1988. GEOS-1 observations of low-energy ions in the earth's plasmasphere: a study on composition, and temperature and density structure under quiet geomagnetic conditions. Advances in Space Research, 8(1): 25-33.

Farrugia C J, Young D T, Geiss J, et al. 1989. The composition, and temperature and density structure of cold ions in the quiet terrestrial plasmasphere: GEOS-1 results. Journal of Geophysical Research, 94(A9): 11865-11891.

Feng J Q, Liu J J, He F, et al. 2014. Data processing and initial results from the CE-3 extreme ultraviolet camera. Research in Astronomy and Astrophysics, 14 (12): 1664-1673.

Feng J H, Cui G T, Cui P Y, et al. 2010. Autonomous crater detection and matching on planetary surface. Journal of Astronautics, 31(9): 1858-1863.

Frei W, Chen C C. 1977. Fast boundary detection: A generalization and a new algorithm. IEEE Transactions on Computers, 26(10): 988-998.

Fu H S, Tu J, Cao J B, et al. 2010. IMAGE and DMSP observations of a density trough inside the plasmasphere. Journal of Geophysical Research, 115: A07227.

Gallagher D L, Adrian M L. 2007. Two-dimensional drift velocities from the IMAGE EUV plasmaspheric imager. Journal of Atmospheric and Solar-Terrestrial Physics, 69 (3): 341-350.

Gandhi S R, Purohit S. 2017. Sparse coded SIFT Feature-Based classification for crater detection. Information systems design and intelligent applications, 672: 863-876.

Gao Y. 2013. Near-Earth asteroid flyby trajectories from the Sun–Earth L2 for Chang'E-2's extended flight. Acta Mechanica Sinica, 29(1): 123-131.

Girshick R. 2015. Fast R-CNN. IEEE International Conference on Computer Vision: 1440-1448.

Girshick R, Donahue J, Darrell T, et al. 2014. Rich feature hierarchies for accurate object detection and semantic segmentation. IEEE Conference on Computer Vision and Pattern Recognition: 580-587.

Glassmeier K H, Boehnhardt H, Koschny D, et al. 2007. The ROSETTA mission: Flying towards the origin of the solar system. Space Science Reviews, 128(1-4): 1-21.

Gonzalez R C, Woods R E. 2008. Digital Image Processing. 3rd ed. New Jersey: Pearson Prentice Hall.

Goodfellow I, Bengio Y, Courville A. 2017. Deep Learning 深度学习. 赵申剑, 黎彧君, 符天凡, 等译. 北京: 人民邮电出版社.

Granahan J C. 2002. A compositional study of asteroid 243 Ida and Dactyl from Galileo NIMS and SSI observations. Journal of Geophysical Research-Planets, 107: E10.

Granahan J C. 2011. Spatially resolved spectral observations of Asteroid 951 Gaspra. ICARUS, 213(1): 265-272.

Haessig M, Altwegg K, Balsiger H, et al. 2015. Time variability and heterogeneity in the coma of 67P/Churyumov-Gerasimenko. Science, 347(6220): aaa0276.

He F, Zhang X X, Chen B, et al. 2010. Calculation of the extreme ultraviolet radiation of the earth's plasmasphere. Science China-Technological Sciences, 53(1): 200-205.

He F, Zhang X X, Chen B, et al. 2013. Moon-based EUV imaging of the Earth's plasmasphere: model simulations. Journal of geophysical research: Space physics, 118(11): 7085-7103.

He K M, Zhang X Y, Ren S Q, et al. 2016. Deep residual learning for image recognition. IEEE Conference on Computer Vision and Pattern Recognition: 770-778.

He K M, Gkioxari G, Dollár P, et al. 2017. Mask R-CNN. IEEE International Conference on Computer Vision, 2980-2988.

Head J W, Fassett C I, Kadish S J, et al. 2010. Global distribution of large lunar craters: Implications for resurfacing and impactor populations. Science, 329(5998): 1504-1507.

Hiesinger H, Head J W. 2006. New views of lunar geoscience: An introduction and overview. Reviews in Mineralogy and Geochemistry, 60(1): 1-81.

Hinton G E, Srivastava N, Krizhevsky A, et al. 2012. Improving neural networks by preventing co-adaptation of feature detectors. Neural and Evolutionary Computing, 3(4): 212-223.

Honda R, Konishi O, Yamanaka S, et al. 2000. Data mining system for planetary images-crater detection and categorization. Stanford: Proceedings of the International Workshop on Machine Learning of Spatial Knowledge in Conjunction with ICML: 103-108.

Hoogeveen G W, Jacobson A R. 1997. Improved analysis of plasmasphere motion using the VLA radio interferometer. Annales Geophysicae, 15 (2): 236-245.

Horwitz J L, Brace L H, Comfort R H, et al. 1986. Dual-spacecraft measurements of plasmasphere-ionosphere coupling. Journal of Geophysical Research, 91(A10): 11203-11216.

Howell E S, Britt D T, Bell J F, et al. 1994. Visible and near-infrared spectral observations of 4179 Toutatis. ICARUS, 111: 468-474.

Hsu C Y, Li W W, Wang S Z. 2021. Knowledge-driven geoai: Integrating spatial knowledge into multi-scale deep learning for mars crater detection. Remote Sensing, 13(11): 2116.

Huang J C, Ji J H, Ye P J, et al. 2013. The ginger-shaped asteroid 4179 toutatis: New observations from a successful flyby of Chang'E-2. Scientific Reports: 1-6.

Hubel D H, Wiesel T N. 1968. Receptive fields and functional architecture of monkey striate cortex. The Journal of Physiology, 195(1): 215-243.

Hudson R S, Ostro S J. 1995. Shape and non-principal axis spin state of asteroid 4179. Science, 270: 84-86.

Hudson R S, Ostro S J, Scheeres D J M. 2003. High-resolution model of asteroid 4179 Toutatis. ICARUS, 161: 346-355.

Ioffe S, Szegedy C. 2015. Batch normalization: Accelerating deep network training by reducing internal covariate shift. Proceedings of the 32nd International Conference on Machine Learning, 37: 448-456.

Ishida T, Takahashi M, Fukuda S. 2021. Crater detection robust to illumination and shape changes using convolutional neural network. Transactions of the Japan Society for Aeronautical and Space Sciences, 64(4): 197-204.

Ishiguro M, Abe M, Ohba Y, et al. 2003. Near-infrared observations of MUSES-C mission target. Publications of the Astronomical Society of Japan, 55(3): 691-699.

Jain A K, Murty M N, Flynn P J. 1999. Data clustering: A review. ACM Compute Survey, 31(3): 264-323.

Jeffers S V, Asher D J. 2003. Theoretical calculation of the cratering on ida, mathilde, eros and gaspra. monthly Notices of the Royal Astronomical Society, 343(1): 56-66.

Jia Y T, Liu L, Zhang C Y. 2021. Moon impact crater detection using nested attention mechanism based UNet++. IEEE Access, 9: 44107-44116.

Kanazawa Y, Kannatani K. 1996. Optimal conic fitting and reliability evaluation, institute of electronics. Information and Communication Engineering, Transaction on Information and System: 1323-1328.

Kang Z Z, Wang X K, Hu T, et al. 2019. Coarse-to-fine extraction of small-scale lunar impact craters from the ccd images of the Chang'E lunar orbiters. IEEE Transactions on Geoscience and Remote Sensing, 57(1): 181-193.

Keller H U, Barbieri C, Lamy P, et al. 2007. OSIRIS - the scientific camera system onboard rosetta. Space Science Reviews, 128(1-4): 433-506.

Kim J R, Muller J P, van Gasselt S, et al. 2005. Automated crater detection, a new tool for mars cartography and chronology. Photogrammetric Engineering and Remote Sensing, 71(10): 1205-1217.

Kim J R, Simpson J L, Muller J P, et al. 2008. 3D crater data base construction using automated and manual components for crater morphology. Geophysical Research Abstracts, 10(EGU2008-A-11490).

Kozlova E A, Michael G G, Rodinova J F, et al. 2001. Compilation and preliminary analysis of a catalogue of craters of mercury. Lunar and Planetary Science XXXII, Lunar and Planetary Institute.

Krizhevsky A, Sutskever I, Hinton G E. 2012. Imagenet classification with deep convolutional neural networks. Communications of the ACM, 60: 84-90.

LeCun Y, Boser B, Denker J S, et al. 1989. Backpropagation applied to handwritten zip code recognition. Neural Computation, 1(4): 541-551.

LeCun Y, Bottou L, Bengio Y, et al. 1998. Gradient-based learning applied to document recognition. Proceedings of the IEEE, 86(11): 2278-2324.

LeCun Y, Bengio Y, Hinton G. 2015. Deep learning. Nature, 521: 436-444.

Lee C. 2019. Automated crater detection on Mars using deep learning. Planetary and Space Science, 170: 16-28.

Lee C, Hogan J. 2021.Automated crater detection with human level performance. Computers and Geosciences, 147: 104645.

Lemaire J, Storey L R O. 2001. The Plasmasphere revisited: a tribute to donald carpenter. Journal of Atmospheric and Solar-Terrestrial Physics, 63 (11): 1105-1106.

Lemaire J F, Gringauz K I. 1998. The Earth's Plasmasphere. Cambridge: Cambridge University Press, 1998.

Leroy B, Medioni G, Johnson E, et al. 2001. Crater detection for autonomous landing on asteroids. Image and Vision Computer, 19(11): 787-792.

Li F, Zhang H, Wu X Y, et al. 2017. Influence analysis of terrain of the farside of the moon on soft-landing. Journal of Deep Space Exploration, 4(2): 143-149.

Li L, Chen Z Q, Xu R L, et al. 2009. A study of the plasmasphere density distribution using computed tomography methods from the EUV radiation data. Advances in space research, 43(7): 1143-1147.

Li S Z. 2009. Markov Random Field Modeling in Computer Vision. 3ed rd, New York: Springer-Verlag.

Li X Y, Qiao D. 2014. Modeling method and preliminary model of Asteroid Toutatis from Chang'E-2 optical images. Acta Mechanica Sinica, 30(3): 310-315.

Lin M, Chen Q, Yan S C. 2014. Network in network. International Conference on Learning Representations.

Lin T Y, Dollar P, Girshick R, et al. 2017. Feature pyramid networks for object detection. IEEE Conference on Computer Vision and Pattern Recognition, 2117-2125.

Lin X X, Zhu Z W, Yu X Y, et al. 2022. Lunar crater detection on digital elevation model: a complete workflow using deep learning and its application. Remote Sensing, 14(3): 621.

Liu Y X, Liu J J, Mou L L, et al. 2012. A review of impact-crater detection. Astronomical Research & Technology, 9(2), 203-212.

Long J, Shelhamer E, Darrell T. 2015. Fully convolutional networks for semantic segmentation. IEEE Conference on Computer Vision and Pattern Recognition: 3431-3440.

Losiak A, Kohout T, Sullivan K O, et al. 2015. Lunar impact database. http://www.lpi.usra.edu / lunar / surface / Lunar_Impact_Crater_Database_v08Sep2015.xls.

Lu Y F, Hu Y F, Xiao J, et al. 2021. Three-dimensional model of the moon with semantic information of craters based on Chang'E data. Sensors, 21(3): 959.

Luo L, Mu L L, Wang X Y. 2013. Global detection of large lunar craters based on the CE-1 digital elevation model. Frontiers of earth science, 7(4): 456-464.

Luo Z F, Kang Z Z. 2016. Automatic extraction of lunar impact craters from Chang'E images based on Hough transform and RANSAC. Xiamen: 2nd ISPRS International Conference on Computer Vision in Remote Sensing (CVRS 2015).

Magee M, Chapman C R, Dellenback S W, et al. 2003. Automated Identification of Martian Craters Using Image Processing. 34th Annual Lunar and Planetary Science Conference, League City: 17-21.

Mao Y Q, Yuan R G, Li W, et al. 2022. Coupling complementary strategy to U-Net based convolution neural network for detecting lunar impact craters. Remote Sensing, 14(3): 661.

Martins R, Pina P, Marques J S, et al. 2008. A boosting algorithm for crater detection, Visualization, Imaging, Image Processing Conf. Palma de Mallorca, Spain.

Martins R, Pina P, Marques J S, et al. 2009. Crater detection by a boosting approach. IEEE Geoscience and Remote Sensing Letters, 6(1): 127-131.

McCoy T J, Robinson M S, Nittler L R, et al. 2002. The near earth asteroid rendezvous mission to asteroid 433 Eros: A milestone in the study of asteroids and their relationship to meteorites. Chemie Der Erde-Geochemistry, 2(2): 89-121.

Michael G G. 2003a. Coordinate registration by automated crater recognition. Planetary and Space Science, 51(9/10): 563-568.

Michael G G. 2003b. Survey of Mars crater topography from MOLA data (Abstract). Micro symposium 38, Moscow, Russia.

Michelson A. 1927. Studies in Optics. Chicago: University of Chicago Press.

Miller J K, Konopliv A S, Antreasian P G, et al. 2002. Determination of shape, gravity, and rotational state of asteroid 433 Eros. ICARUS, 155(1): 3-17.

Meier R R, Nicholas A C, Picone J M, et al. 1998. Inversion of plasmaspheric EUV remote sensing data from the STP 72-1 satellite. Journal of Geophysical Research Space Physics, 103 (A8): 17505-17518.

Mueller B E A, Samarasinha N H, Belton M J S. 2002. The diagnosis of complex rotation in the lightcurve of 4179 Toutatis and potential applications to other asteroids and bare cometary nuclei. ICARUS, 158: 305-311.

Nakamu M, Yoshika I, Yamaza A, et al. 2000. Terrestrial plasmaspheric imaging by an extreme ultraviolet scanner on Planet-B. Geophysical Research Letters, 27(2): 141-144.

Novosel H, Salamuniccar G, Loncaric S. 2007. Crater detection algorithms based on pixel-difference, separated-pixel-difference, Roberts, Prewitt, Sobel and Frei–Chen gradient edge detectors. 38th Lunar Planetary Science Conf, League City, TX.

Ostro S J, Hudson R S, Jurgens R F, et al. 1995. Radar images of asteroid 4179 Toutatis. Science, 270: 80-83.

Ostro S J, Hudson R S, Rosema K D, et al. 1999. Asteroid 4179 Toutatis: 1996 radar observations. ICARUS, 137: 122-139.

Ostro S J, Benner L A M, Nolan M C, et al. 2004. Radar observations of asteroid 25143 Itokawa (1998 SF36). Meteoritics & Planetary Science, 39(3): 407-424.

Pedrosa M M, de Azevedo S C, da Silva E A, et al. 2017. Improved automatic impact crater detection on Mars based on morphological image processing and template matching. Geomatics Natural Hazards and Risk, 8(2): 1306-1319.

Peterson C A, Hawke B R, Blewett D, et al. 2002. Geochemical units on the Moon: The role of south pole-aitken basin. Lunar and Planetary Science XXXIII. USA, 46-47.

Peterson C A, Hawke B R, Lucey P G, et al. 2000. Anorthosite on the lunar farside and its relationship to South Pole-Aitken Basin. Lunar and Planetary Science XXXI. USA: 1680-1681.

Plesko C S, Brumby S P, Armstrong J C, et al. 2002. Applications of Machine Learning Techniques in Digital Processing of Images of the Martian Surface, Andrew G Tescher. Applications of Digital Image Proceeding XXV, SPIE, 4790: 82-91.

Plesko C S, Brumby S P, Asphaug E. 2003. Automated development of feature extraction tools for planetary science image datasets. Houston: 34th Annual Lunar and Planetary Science Conference, 1758.

Povilaitis R Z, Robinson M S, van der Bogert C H, et al. 2018. Crater density differences: Exploring regional resurfacing, secondary crater populations, and crater saturation equilibrium on the moon. Planetary and Space Science, 162: 41-51.

Pratt W K. 2001. Digital Image Processing: PIKS Inside. 3rd ed. New York: Wiley, 443-508.

Reddy V, Sanchez J A, Gaffey M J, et al. 2012. Composition of near-earth asteroid (4179) Toutatis, ICARUS, 221: 1177-1179.

Ren S Q, He K M, Girshick R, et al. 2015. Faster R-CNN: Towards real-time object detection with region proposal networks. Proceedings of the 28th International Conference on Neural Information Processing Systems, 1: 91-99.

Robbins S J, Hynek B M. 2012. A new global database of Mars impact craters $\geqslant$1 km: 1. Database creation, properties, and parameters. Journal of Geophysical Research: Planets, 117(E5): 5004.

Robbins S J, Antonenko I, Kirchoff M R, et al. 2014. The variability of crater identification among expert and community crater analysts. ICARUS, 234: 109-131.

Robbins S J, Stuart J. 2019. A new global database of lunar impact craters >1–2 km: 1. crater locations and sizes, comparisons with published databases, and global analysis. Journal of Geophysical Research: Planets, 124(4): 871-892.

Robinson M S, Brylow S M, Tschimmel M, et al. 2010. Lunar reconnaissance orbiter camera (LROC) instrument overview. Space Science Reviews, 150 (1-4): 81-124.

Rodionova J F, Dekchtyareva K I, Khramchikhin A A, et al. 1987. Morphological catalogue of the craters of mars. http://selena.sai.msu.ru/Rod/Publications/Mars_Cat/mars_cate.htm.

Rodionova J F, Karlov A A, Skobeleva T P, et al. 1987. Morphological catalogue of the craters of the moon. http://selena.sai.msu.ru/Rod/Publications/Moon_Cat/moon_cate.htm.

Ronneberger O, Fischer P, Brox T. 2015. U-Net: Convolutional networks for biomedical image segmentation. Medical Image Computing and Computer-Assisted Intervention, 9351: 234-241.

Rotundi A, Sierks H, Della C, et al. 2015. Dust measurements in the coma of comet 67P/Churyumov-Gerasimenko inbound to the Sun. Science, 347(6220): aaa3905.

Saito J, Miyamoto H, Nakamura R, et al. 2006. Detailed images of asteroid 25143 itokawa from hayabusa. Science, 312(5778): 1341-1344.

Salamuniccar G, Lonacaric S. 2008a. Open framework for objective evaluation of crater detection algorithms with first test-field subsystem based on MOLA data. Advances in Space Research, 42(1): 6-19.

Salamuniccar G, Lonacaric S. 2008b. GT-57633 catalogue of Martian impact craters developed for evaluation of crater detection algorithms. Planetary and Space Science, 56(15): 1992-2008.

Salamuniccar G, Lonacaric S. 2010. Method for crater detection from Martian digital topography data using gradient Value/Orientation, morphometry, vote analysis, slip tuning, and calibration. IEEE Transactions on Geoscience and Remote Sensing, 48(5): 2317-2329.

Salamuniccar G, Lonacaric S, Grumpe A, et al. 2014b. Hybrid method for crater detection based on topography reconstruction from optical images and the new LU78287GT catalogue of Lunar impact craters. Advances in Space Research, 53 (12): 1783-1797.

Salamuniccar G, Lonacaric S, Pina P, et al. 2014a. Integrated method for crater detection from topography and optical images and the new PH9224GT catalogue of Phobos impact craters. Advances in Space Research, 53 (12): 1798-1809.

Salamuniccar G, Lonacaric S, Vinkovic D, et al. 2012. Test-field for evaluation of laboratory craters using a Crater Shape-based interpolation crater detection algorithm and comparison with Martian and Lunar impact craters. Planetary and Space Science, 71(1): 106-118.

Sandel B R, Goldstein J, Gallagher D L, et al. 2003. Extreme Ultraviolet Imager obser-
vations of the structure and dynamics of the plasmasphere. Space science reviews,
109(1-4): 25-46.

Sandel B R, King R A, Forrester W T, et al. 2001. Initial results from the IMAGE extreme
ultraviolet imager. Geophysical Research Letters, 28 (8): 1439-1442.

Sawabe Y, Matsunaga T, Rokugawa S. 2005. Automatic crater detection algorithm for the
lunar surface using multiple approaches. Journal of Remote Sensing Society of Japan,
25(2): 157-168.

Sawabe Y, Matsunaga T, Rokugawa S. 2006. Automated detection and classification of
lunar craters using multiple approaches. Advances in Space Research, 37(1): 21-27.

Scheeres D J, Ostro S J, Hudson R S, et al. 1998. Dynamics of orbits close to asteroid
4179 Toutatis. ICARUS, 132: 53-79.

Schenk P M, Chapman C R, Zahnle K, et al. 2004. Age and Interiors: The Cratering
Record of the Galilean Satellites, Jupiter: The Planet, Satellites and Magnetosphere.
Cambridge: Cambridge University Press: 427-456.

Semenzato A, Massironi M, Ferrari S. 2020. An integrated geologic map of the rembrandt
basin, on mercury, as a starting point for stratigraphic analysis. Remote Sensing,
12(19): 3213.

Shen J, Castan S. 1992. An optimal linear operator for step edge detection. Computer
Vision, Graphics, and Image Processing: Computer Vision, Graphics, and Image
Processing 54(2): 112-133.

Silburt A, Ali-Dib M, Zhu C C, et al. 2019. Lunar crater identification via deep learning.
ICARUS, 317(6): 27-38.

Simonyan K, Zisserman A. 2015. Very deep convolutional networks for large-scale image
recognition. International Conference on Learning Representations: 1-14.

Simpson J I, Kim J R, Muller J P. 2008. 3D crater database production on Mars by
automated crater detection and data fusion. Processing of 21st ISPRS Congr, Beijing,
China: 1049-1054.

Singh A K, Singh R P. 2011. Devendraa Siingh, State studies of Earth's plasmasphere: A
review. Planetary and Space Science, 59(9): 810-834.

Smith D E, Zuber M T, Jackson G B, et al. 2010. The lunar orbiter laser altimeter
investigation on the lunar reconnaissance orbiter mission. Space Science Reviews,
150(1-4): 209-241.

Spencer J R, Akimov L A, Angeli C, et al. 1995. The lightcurve of 4179 toutatis: Evidence
for complex rotation. ICARUS, 117: 71-89.

Stepinski T F, Ghosh S, Vilalta R. 2007. Machine learning for automatic mapping of plane-
tary surface. Proceedings of the 19th National Conference on Innovative Applications
of Artificial Intelligence, AAAI Press: 1807-1812.

Storey O L R. 1953. An investigation of whistling atmospherics, Philos. Philosophical Transactions of the Royal Society A, 246: 113-141.

Sun Z Z, Jia Y, Zhang H. 2013. Technological advancements and promotion roles of Chang'E-3 lunar probe mission. Science China(Technological Sciences), 43(11): 2702-2708.

Szegedy C, Liu W, Jia Y, et al. 2015. Going deeper with convolutions. IEEE Conference on Computer Vision and Pattern Recognition: 1-9.

Takahashi Y, Busch M W, Scheeres D J. 2013. Spin state and moment of inertia characterization of 4179 Toutatis. The Astronomical Journal, 146: 95.

Tamililakkiya V, Vani K. 2011. Feature extraction from lunar images. 1st international conference on digital image processing and pattern recognition (DPPR 2011), Tirunelveli, India.

Thomas S M, Chan Y T. 1989. A simple approach for the estimation of circular arc center and its radius. Image Vision, Graphic and Image Processing, Computer Vision, Graphics, and Image Processing, 45(2): 362-370.

Troglio G, Moigne J L, Benediktsson J A, et al. 2012. Automatic extraction of ellipsoidal features for planetary image registration. IEEE Geoscience and Remote Sensing Letters, 9(1): 95-99.

Urbach E R. 2007. Classification of objects consisting of multiple segments with application to crater detection. Proceedings 8th International Symposium on Ma-thematical Morphology, Rio de Janeiro, Brazil.

Urbach E R, Stepinski T F. 2009. Automatic detection of sub-km craters in high resolution planetary. Planetary and Space Science, 57(7): 880-887.

Vatsavi R R. 2009. Incremental clustering algorithm for earth science data mining. 9th International Conference on Computational Science, Baton Rouge, LA.

Veverka J, Robinson M.S, Thomas P, et al. 2000. NEAR at Eros: Imaging and spectral results. Science, 289(5487): 2088-2097.

Wang L G, Zheng C, Lin L Y, et al. 2011. Fast segmentation algorithm of high resolution remote sensing image based on multiscale mean shift. Spectroscopy and Spectral analysis, 31(1): 177-183.

Wang M, Dong Z P, Cheng Y F. 2018. Optimal segmentation of high-resolution remote sensing image by combining superpixels with the minimum spanning tree. IEEE Transactions on Geoscience and Remote Sensing, 56(1): 228-238.

Wang S, Fan Z Z, Li Z M, et al. 2020. An effective lunar crater recognition algorithm based on convolutional neural network. Remote Sensing, 12(17): 2694.

Wang Y Q, Xie H, Huang Q, et al. 2022. A novel approach for multiscale lunar crater detection by the use of path-profile and isolation forest based on high-resolution planetary images. IEEE Transactions on Geoscience and Remote Sensing, 60: 4601424.

Watanabe S, Hirabayashi M, Hirata N, et al. 2019. Hayabusa2 arrives at the carbonaceous asteroid 162173 Ryugu-A spinning top-shaped rubble pile. Science, 364(6437): 268.

Wetzler P G, Honda R, Enke B, et al. 2005. Learning to detect small impact craters. Proceedings of the Seventh IEEE Workshops on Application of Computer Vision, IEEE: 178-184.

Whipple A L, Shelus P J. 1993. Long-term dynamical evolution of the minor planet (4179) Toutatis. ICARUS, 105: 408-419.

Wu B, Li F, Ye L, et al. 2014. Topographic modeling and analysis of the landing site of Chang'E 3 on the moon. Earth and planetary science letters, 405: 257-273.

Wu W R, Wang Q, Tang Y H, et al. 2017. Design of Chang'E-4 lunar farside soft-landing mission. Journal of Deep Space Exploration, 4(2): 111-117.

Wu X D, Yu K, Ding W, et al. 2013. Online feature selection with streaming features. IEEE Transactions on Pattern Analysis and Machine Intelligence, 35(5): 1178-1192.

Wu Y T, Wan G, Liu L, et al. 2021. Intelligent crater detection on planetary surface using convolutional neural network. IEEE 5th Advanced Information Technology, Electronic and Automation Control Conference, 5: 1229-1234.

Xie Y Q, Tang G A, Yan S J, et al. 2013. Crater detection using the morphological characteristics of Chang'E-1 digital elevation models. IEEE Geoscience and Remote Sensing Letters, 10(4): 885-889.

Ye P J, Sun Z Z, Zhang H, et al. 2017. An overview of the mission and technical characteristics of Change'4 Lunar Probe. Science China(Technological Sciences), 60(5): 658-667.

Yoshika I, Murakami G, Ogawa G, et al. 2010. Plasmaspheric EUV images seen from lunar orbit: initial results of the extreme ultraviolet telescope on board the Kaguya spacecraft. Journal of geophysical research, 115: A04217.

Yoshika I, Yamaza A, Murakami G, et al. 2008. Telescope of extreme ultraviolet (TEX) onboard SELENE: science from the Moon. Earth planets space, 60(4): 407-416.

Zang S D, Mu L L, Xian L N, et al. 2021. Semi-supervised deep learning for lunar crater detection using CE-2 DOM. Remote Sensing, 13(14): 2819.

Zheng C, Ping J S, Wang M Y. 2016. Hierarchical classification for the topography analysis of asteroid (4179) Toutatis from the Chang'E-2 images. ICARUS, 278: 119-127.

Zhou L F, Li L. 2021. Research on improved Hough algorithm and its application in lunar crater. Remote Sensing, 41(3): 4469-4477.

Zhu M H, Fa W Z, LP W H, et al. 2014. Morphology of asteroid (4179) toutatis as imaged by Chang'E-2 spacecraft. Geophysical Research Letters, 41(2): 328-333.

Zou X D, Li C L, Liu J J, et al. 2014. The preliminary analy-sis of the 4179 Toutatis snapshots of the Chang'E-2 flyby. ICARUS, 229: 348-354.